"十二五"职业教育国家规划教材
经全国职业教育教材审定委员会审定

种子检验

ZHONGZI

JIANYAN

第二版

钱庆华 荆 宇 主编

U0389847

化学工业出版社

·北京·

本书以"职业能力为主线,以典型工作任务为载体,以实际工作环境为依托,以国家种子检验规程要求的检验程序为行动体系"为原则,以完成种子质量检验工作任务为导向设计种子检验概述、种子扦样、水分测定、净度分析、发芽试验、品种真实性和纯度鉴定、室内其他项目检测、检验结果的报告、田间检验共9个项目,体现"教、学、做"为一体,增强学生的职业能力。本教材的9个项目,可根据种子企业种子检验工作实际进行企业实境教学,也可在校内种子检验实训室集中进行"理实一体化"教学。

本教材可供农业高职高专院校农学、作物生产和种子生产与经营专业学生使用,也可作为植物生产类其他专业师生和广大作物种子生产者、经营者的参考用书。

图书在版编目(CIP)数据

种子检验/钱庆华,荆宇主编. —2版. —北京:
化学工业出版社,2018.6
"十二五"职业教育国家规划教材
ISBN 978-7-122-31997-5

Ⅰ.①种… Ⅱ.①钱…②荆… Ⅲ.①种子-检验-
职业教育-教材 Ⅳ.①S339.3

中国版本图书馆 CIP 数据核字(2018)第 077877 号

责任编辑:李植峰 迟 蕾　　　　　文字编辑:姚凤娟
责任校对:王素芹　　　　　　　　装帧设计:刘丽华

出版发行:化学工业出版社(北京市东城区青年湖南街 13 号 邮政编码 100011)
印　　刷:北京京华铭诚工贸有限公司
装　　订:三河市瞰发装订厂
787mm×1092mm　1/16　印张 12　彩插 8　字数 273 千字　2018 年 8 月北京第 2 版第 1 次印刷

购书咨询:010-64518888(传真:010-64519686)　　售后服务:010-64518899
网　　址:http://www.cip.com.cn
凡购买本书,如有缺损质量问题,本社销售中心负责调换。

定　　价:32.00 元

《种子检验》（第二版）编写人员

主　　编　　钱庆华　荆　宇

副 主 编　　董炳友　黄修梅

参编人员　　（按姓名汉语拼音排列）

白百一（辽宁农业职业技术学院）

陈杏禹（辽宁农业职业技术学院）

董炳友（辽宁农业职业技术学院）

黄修梅（内蒙古农业大学职业技术学院）

蒋益敏（广西农业职业技术学院）

荆　宇（辽宁农业职业技术学院）

李　华（辽宁东亚种业有限公司）

刘　卓（辽宁东亚种业有限公司）

刘　迪（辽宁农业职业技术学院）

梅四卫（河南农业职业学院）

欧善生（广西农业职业技术学院）

钱庆华（辽宁农业职业技术学院）

王再鹏（辽宁农业职业技术学院）

王迎宾（辽宁农业职业技术学院）

周晓舟（广西农业职业技术学院）

前　言

　　种子是农业生产最基本的生产资料，种子检验是评定种子质量优劣的有效手段，杜绝伪劣种子用于农业生产，从而保证农业优质高产。

　　种子检验工作是依据种子检验规程对种子质量进行评定的标准方法，是种子质量控制的有机组成部分。种子质量包括优良品种和优质种子两个方面的含义，主要包括种子净度、发芽力、品种纯度、水分等指标。种子检验是种子工作中各个环节的有力保证，是质量控制与管理的主要依据。

　　近年来，社会对种子生产与经营类专业的人才需求量不断增加，实践能力较强的高技能型人才供不应求。种子检验是种子生产与经营专业的核心课程。本教材为适应高职教育"以能力培养为主线"的要求，在内容选择上，以种子企业与种子产业职业岗位需求为基础，根据种子企业（行业）岗位职业能力要求设置课程内容，按照"以职业能力为主线，以典型项目为载体，以实际工作环境为依托，以国家种子检验规程要求的检验程序为行动体系"的要求，进行课程内容设计开发。

　　本教材的编写由学校与企业共同完成，由种子企业（行业）种子检验员和学院"双师型"教师按照职业素质、职业能力及种子行业企业要求共同构建种子检验课程内容体系，结合辽宁农业职业技术学院《作物生产技术专业人才培养方案》和《农作物种子检验规程》国家标准和国际标准、《农作物田间检验规程》以及农业部《农作物种子检验员考核大纲》的要求而编写。教材以完成种子质量检验工作任务为导向，设计了种子检验概述、种子扦样、水分测定、净度分析、发芽试验、品种真实性和纯度鉴定、室内其他项目检测（生活力测定、活力测定、重量测定等）、检验结果的报告、田间检验等项目，体现"教、学、做"为一体，增强学生的职业能力。本教材按照企业种子检验工作岗位实际，采用"理实一体化"教学，课程教学可根据种子企业种子检验工作实际进行企业实境教学，也可在校内种子检验实训室集中进行"理实一体化"教学。

　　本教材的编写得到了各参编人员所在单位的大力支持，在编写中还参考了国际和国内种子检验方面书籍，在此深表感谢。

　　由于编者水平所限，书中难免存在不足之处，恳请各院校师生批评指正，以便日后修订完善。

编　者
2018 年 1 月

第一版前言

一粒种子可以改变一个世界。种子是农业生产的最基本生产资料，种子检验是评定种子质量优劣的有效手段。杜绝伪劣种子用于农业生产，是保证农业优质高产的必要手段。

种子检验工作是依据种子检验规程对种子质量评定的标准方法，是种子质量控制的有机组成部分。种子质量包括优良品种和优质种子两方面的含义，主要包括种子净度、发芽力、品种纯度、水分等指标。种子检验是种子工作中各个环节的有力保证，是质量控制与管理的主要依据。近年来，社会对种子生产与经营类专业的人才需求量不断增加，实践能力较强的高技能型人才供不应求。种子检验是种子生产与经营专业的核心课程，是种子企业质量管理的重要基础。

本教材为适应高职教育"以能力培养为主线"的要求，依据种子企业与种子产业职业岗位需求，根据种子企业（行业）种子检验岗位职业能力要求精选内容，按照以"职业能力为主线，以典型工作任务为载体，以实际工作环境为依托，以国家种子检验规程要求的检验程序为行动体系"的原则，进行内容设计与开发。

本教材的编写由学校教师与企业技术人员共同完成，由种子企业（行业）种子检验员和学院"双师型"教师按照职业素质、职业能力及种子行业企业要求共同构建种子检验课程内容体系，结合辽宁农业职业技术学院《作物生产技术专业人才培养方案》和《农作物种子检验规程》国家标准和国际标准、《农作物田间检验规程》及农业部《农作物种子检验员考核大纲》的要求而编写。以完成种子质量检验工作任务为导向设计种子田间检验、种子扦样、种子室内必检项目（净度分析、水分测定、发芽试验、品种真实性和纯度鉴定）、室内其他项目检验（生活力测定、活力测定、重量测定等）、检验结果的报告5个学习情境，体现"教、学、做"为一体，增强学生的职业能力。本教材的5个学习情境，可根据种子企业种子检验工作实际进行企业实境教学，也可在校内种子检验实训室集中进行"理实一体化"教学。

本教材由荆宇和钱庆华担任主编，编写本书的还有辽宁农业职业技术学院董炳友、陈杏禹、王再鹏，广西农业职业技术学院蒋益敏、欧善生、周晓舟，河南农业职业学院梅四卫及辽宁东亚种业有限公司种子检验员刘卓、李华。在编写中参考了国内外种子检验方面最新资料，在此深表感谢。

由于编者水平有限，书中难免存在不足之处，恳请各院校师生批评指正，以便日后修订完善。

编　者
2011 年 2 月

目　　录

项目一　种子检验概述

知识目标

- 了解种子检验及种子质量的概念；
- 了解《农作物种子检验规程》内容和种子检验作用。

技能目标

- 掌握种子检验程序。

任务　学习种子检验基本知识

一、种子检验的概念

种子检验是应用科学、标准的方法和仪器对种子质量进行细致的检验、分析、鉴定，以判断其优劣或评定其种用价值的一门科学技术。

二、种子检验的作用

种子是特殊的商品，种子质量优劣直接关系着作物生产的成败。种子质量又随时间、环境在不断地发生变化，及时、准确地掌握种子质量并以此为依据进行科学决策，在种子工作的很多环节都非常重要。种子检验贯穿于种子工作的始终，具体作用表现在以下几方面。

（1）把关作用　通过种子检验，可有效杜绝或尽量减少低生产潜力的种子所造成缺苗减产的危险。种子收购时把好种子入库关，防止不合格种子入库；销售时严格控制不合格种子出库，防止不合格种子流向市场、播入田间，保障种子使用者的利益不受损害和农业生产的安全。

（2）预防作用　种子检验能有效预防不合格种子进入生产的各个环节。种子质量控制以预防为主，防止种子进入生产环节后造成损失再追查原因。

（3）监督作用　行政监督是种子质量宏观控制的主要形式。通过对种子质量的监督抽查，可以有效地维护种子市场秩序，及时打击假劣种子的生产经营行为，把假劣种子给农业生产带来的损失降到最低。

（4）报告作用　种子检验报告或标签是种子贸易必备的文件，可以促进种子贸易的健康发展。

（5）调解种子纠纷的重要依据　监督检验机构出具的种子检验报告可以作为种子贸易活

动中判定质量优劣的依据，对及时调解种子纠纷有重要作用。

(6) 其他作用　如可以提供信息反馈和辅助决策等作用。通过种子检验可以对种子生产、加工、贮藏等过程的技术和管理措施的有效性进行评估，从而发现问题并加以改进，使管理更加有效，质量不断提高。

三、种子质量

种子质量是由种子不同特性综合而成的一种概念。通常包括品种质量和播种质量两个方面的内容。品种质量是指与遗传特性有关的品质，可用"真"、"纯"两个字概括。播种质量是指种子播种后与田间出苗有关的质量，可用"净"、"壮"、"饱"、"健"、"干"、"强"六个字概括。其含义分述如下。

(1) 真　是指种子真实可靠的程度，用真实性表示。种子失去真实性，不具有品种本身遗传特征，不是需要的优良品种，也就是假种（或伪种），若其危害小则不能获得丰收，危害大则会延误农时，甚至颗粒无收。

(2) 纯　是指品种典型一致的程度，用品种纯度来表示。品种纯度高的种子因具有该品种的优良特性而可获得丰收。品种纯度低的种子由于其混杂退化，田间生长不整齐而明显减产，品质降低。

(3) 净　是指种子清洁干净的程度，用净度表示。种子净度高，表明种子中杂质（杂质及其他作物和杂草）含量少，可用来播种的种子多，单位面积的播种量少，是评价种子用价的指标之一。

(4) 壮　是指种子发芽出苗齐壮的程度，用发芽力和生活力表示。发芽力和生活力高的种子发芽出苗整齐，幼苗健壮，同时可以适当减少单位面积的播种量。发芽率也是评价种子用价的指标之一。

(5) 饱　是指种子充实饱满的程度，可用千粒重和容重表示。种子充实饱满表明种子中贮存物质多，有利于种子发芽和幼苗生长。种子千粒重是种子活力指标之一。

(6) 健　是指种子健康的程度，通常用病虫感染率表示。种子病虫害直接影响种子发芽率和田间出苗率，从而影响作物的生长发育和产量。

(7) 干　是指种子干燥耐贮藏的程度。可用种子水分百分率表示。种子水分低，有利于种子安全贮藏和保持种子的发芽力和活力，尤其是用塑料袋密封包装的种子，其水分含量要控制在安全水分以下。

(8) 强　是指种子强健，抗逆性强，增产潜力大。通常用种子活力表示。活力强的种子可早播，出苗迅速，整齐一致，成苗率高，增产潜力大，产品质量优，经济效益高。

因此，种子检验就是对品种的真实性和纯度、种子净度、发芽力、生活力、活力、健康状况、水分和千粒重进行分析检验。也是农民在购种时重点识别的指标。

四、种子质量检验的内容

为了适应我国种子贸易的国际化发展，1995 年 8 月 18 日原国家质量技术监督局发布了GB/T 3543.1～3543.7－1995《农作物种子检验规程》。该标准等效采用《1993 国际种子检验规程》，使我国的种子检验程序、技术和方法与国际接轨。GB/T 3543.1～3543.7－1995《农作物种子检验规程》由七个系列标准构成，就其内容而言可分为扦样、检测和结果报告三大部分。

1. 扦样

扦样是从大量的种子中，随机取得一个重量适当、具有代表性的供检样品。样品应从种子批不同部位随机扦取若干次的小部分种子合并而成，再把这些样品经分样递减取得规定重量的样品。

2. 检测

检测部分包括净度分析、发芽试验、水分测定、品种真实性和纯度检验，这些属于必检项目，生活力的生化测定等其他项目属于非必检项目。

（1）净度分析 净度分析是分析供检样品中各成分占样品总重量的百分率和样品混合物的特性，由此来推断该种子批组成成分。分析时将样品分为三种成分：净种子、杂质和其他植物种子，并分别测定各种成分的重量百分率。

（2）发芽试验 发芽试验是测定种子批的最大发芽潜力，由此来比较不同种子批的种子质量，也可据此来估测田间播种价值。发芽试验是用净度分析后的净种子，在规定的发芽技术条件下进行试验，按规定时间计数每个重复各种类型的幼苗数并计算百分率。

（3）水分测定 水分即种子含水量，是指按规定的方法把种子样品烘干后，失去的重量占供检样品原来重量的百分率。测定送验样品的种子水分，可为种子安全贮藏、运输和包装提供依据。

（4）品种真实性和纯度检验 在种子检验中，首先要根据育种者对所选育品种的性状描述，鉴定其品种的真实性。如果真实性有问题，纯度检验就毫无意义。真实性和品种纯度检验可用种子、幼苗或植株，通常将待检种子与标准样品进行比较。测定方法有田间检验和室内检验。

（5）生活力的生化（四唑）测定 此种方法是在短期内急需掌握种子发芽率或当某些样品在发芽末期尚有较多的休眠种子时，用生活力的生化方法快速测定种子的生活力。生活力测定是应用 2,3,5-氯化（或溴化）三苯基四氮唑（简称四唑，TTC）无色溶液作为指示剂，当其被种子活组织吸收后，接受活细胞脱氢酶中的氢，被还原成一种红色、稳定、不会扩散和不溶于水的三苯基甲臜。根据胚和胚乳组织的染色反应来区分种子有无生活力。

（6）重量测定 重量测定是从净种子中数取一定数量的种子，称其重量，计算 1000 粒种子的重量，并换算成国家种子重量标准规定水分条件下的重量。测定方法有千粒法、百粒法和全量法。

（7）种子健康测定 健康检验的目的是防止在引种和调种中检疫性病虫的传播和蔓延，了解种子携带病虫的种类数量以确定种用价值，并为安全贮藏提供依据，同时也是发芽试验的一个补充。

3. 容许误差

容许误差是指同一测定项目两次检验结果所容许的最大差距，超过此限度则足以引起对其结果准确性产生怀疑或认为所测定的条件存在着真正的差异。

4. 结果报告

种子检验的结果报告是按照我国现行标准进行扦样与检测而获得检验结果的一种证书表格。

（1）签发结果报告单的条件 签发种子检验结果报告单的机构除需要做好填报的检验事项外，还要符合以下条件：①该机构目前从事这项工作；②被检种属于本规程所列举的一个种；③种子批与本规程规定的要求相符合；④送验样品是按本规程要求扦取和处理的；⑤检验是按本规程规定方法进行的。

（2）结果报告单 检验项目结束后，检验结果应按 GB/T 3543.3～3543.7—1995 中的结果计算和结果报告的有关章条规定填报种子检验结果报告单（表 1-1）。完整的检验报告应包括：签发站名称；扦样封缄单位的名称；种子批的正式记号及印章；来样数量、代表数量；扦样日期；检验站收到样品日期；样品编号；检验项目；检验日期。填写结果报告单不能涂改。如果某些项目没有测定而结果报告单上是空白的，那么就在这些空格内填上"未检验"字样。若扦样是另一个检验机构或个人进行的，应在结果报告单上注明只对送验样品负责。

表 1-1 种子检验结果报告单　　　　　　　　字第　号

送验单位			产　地			
作物名称			代表数量			
品种名称						
净度分析	净种子/%		其他植物种子/%		杂质/%	
	其他植物种子的种类及数目：				完全/有限/简化检验	
	杂质的种类：					
发芽试验	正常幼苗/%	硬实/%	新鲜不发芽种子/%	不正常幼苗/%	死种子/%	
	发芽床____；温度____；试验持续时间____；发芽前处理和方法____					
纯度	实验室方法____；品种纯度____%					
	田间小区鉴定____；本品种____%；异品种____%					
水分	水分____%					
其他测定项目	生活力____%					
	重量（千粒）____g					
	健康状况____					

检验单位（盖章）：　　检验员（技术负责人）：　　复核员：　　填报日期：　年　月　日

五、种子检验的程序

要准确掌握种子批的质量状况，必须按规定程序在种子批内的种子中扦取有代表性的样品，并进行有关项目的检验。种子检验的程序，必须要保证检验项目的连续性和检验技术，以及操作规程的标准化。GB/T 3543.1—1995《农作物种子检验规程　总则》中规定了检验操作程序（图 1-1）。

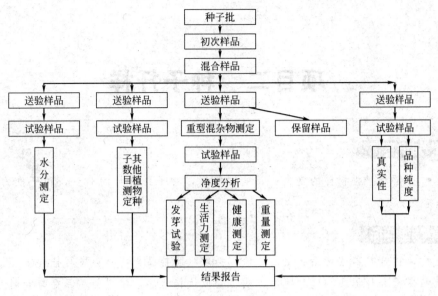

图 1-1 种子检验程序

注：1. 本图中送验样品和试验样品的质量各不相同，参见 GB/T 3543.2—1995 中的第 5.5.1 和
6.1 条。

2. 健康测定根据测定要求的不同，有时是用净种子，有时是用送验样品的一部分。

3. 若同时进行其他植物种子数目测定和净度分析，可用同一份送验样品，先做净度分析，再
测定其他植物种子的数目。

复习思考题

完成种子检验工作程序图

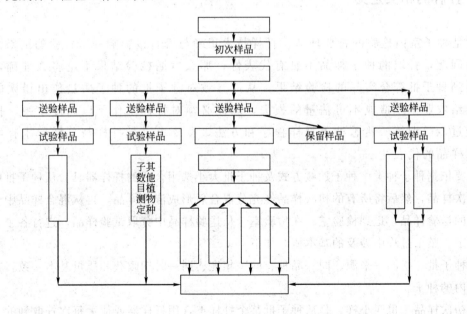

项目二　种子扦样

知识目标

• 了解种子批扦样的定义、目的和原则，种子扦样员的职责，种子批的封口与标志。

技能目标

• 掌握扦样器的构造和使用方法、扦取送验样品程序，会填写扦样单；
• 掌握分样器的构造和使用方法、分取试样程序，懂得样品保存与管理。

任务一　学习扦样基本知识

种子扦样是种子取样的名称。扦样是种子检验的第一步，也是种子检验的关键一步。如果扦取的样品不能代表种子批的真实质量状况，那么检验结果就没有任何意义。

一、扦样的相关定义

扦样是种子室内检验的首要环节。扦样技术正确与否直接影响种子检验的结果。如果扦样有问题，扦取的种子样品不具有代表性，那么后期检验结果不论多么准确，都不可能得到种子批符合实际的检验结果，从而导致对种子批的种子质量作出错误的判断，将会给农业生产造成不可估量的损失，因此必须对扦样工作予以高度重视，扦样员必须受过专门训练，熟悉种子扦样程序和方法，按要求进行扦样与分样，才有可能保证扦取样品的代表性。

扦样要依据种子种类、种子贮藏方式及种子批大小选用合适的扦样器具，从种子批中扦取若干初次样品，然后将所有的初次样品经充分混合后形成混合样品，再从混合样品中分取规定重量的送验样品，送到检验室。在检验室，从送验样品中分取试验样品，进行各个具体项目的测定。整个过程中涉及的基本概念如下。

（1）种子批　指同一来源、同一品种、同一年度、同一时期收获和质量基本一致，在规定数量之内的种子。

（2）初次样品　也叫小样，是从种子批某个扦样点，用扦样器或徒手每次扦取到的一小部分种子。

（3）混合样品　指由同一种子批中所扦取的全部初次样品混合而成的样品。

（4）送验样品　也叫平均样品或送检样品，是混合样品中分取一部分，送到种子检验机构进行检验，数量符合规程要求的检验用的样品。

（5）试验样品　简称试样，是由送验样品中分出供检验种子品质具体项目用的样品。

（6）半试样　指将试验样品分减成规定重量一半的样品。

（7）封缄　是指种子装在容器内，封好后如不启封，无法把种子取出。如果容器本身不具备密封性能，每一容器加正式封印或不易擦洗掉的标记或不能撕去重贴的封条。

二、扦样的目的和原则

1. 扦样的目的

扦样的目的是从种子批中扦取大小适合于种子检验的能真实代表种子批的送验样品供检验使用。因此，扦样的最基本原则就是保证扦取的样品要有代表性，即送验样品的品质能代表整个种子批的品质，试验样品的品质能代表送验样品的品质。扦样是否正确，样品是否具有代表性，直接影响到种子检验结果的正确性。

2. 扦样的原则

扦样的每个程序都应牢牢把握样品的代表性，为此扦样要遵循以下的原则。

① 种子批的均匀度　我国种子生产单位大小差异较大，其生产的种子批量也有较大差异。一个扦样的种子批可能由几个单位生产的种子组成，这就造成种子质量的差异，因此要对种子批的基本情况，如种子批所属的品种、来源、繁殖世代、数量、贮藏方式、田间检验结果等进行全面了解。

② 划分种子批　一个种子批的数量不得超过表 2-1 规定的重量，容许差距为 5%。若超过规定重量时须划分成若干种子批，并分别给予批号。

③ 种子批各部位的种子类型和品质要基本均匀一致，否则扦样员要拒绝扦样。如果有怀疑，按规定进行种子批的异质性测定。

④ 扦样点应均匀分布在种子堆的各个部位，各扦样点扦取样品数量要基本相等。

⑤ 扦样员必须经过专门训练、技术熟练。

⑥ 种子批应便于扦样。

表 2-1　农作物种子批的最大重量和样品最小重量

（GB/T 3543.2—1995 农作物种子检验规程 扦样）

种（变种）名	学　　名	种子批的最大重量/kg	样品最小重量/g		
			送验样品	净度分析试样	其他植物种子计数试样
1. 洋葱	*Allium cepa* L.	10000	80	8	80
2. 葱	*Allium fistulosum* L.	10000	50	5	50
3. 韭葱	*Allium porrum* L.	10000	70	7	70
4. 细香葱	*Allium schoenoprasum* L.	10000	30	3	30
5. 韭菜	*Allium tuberosum* Rottl. Ex Spreng.	10000	100	10	100
6. 苋菜	*Amaranthus tricolor* L.	5000	10	2	10

续表

种(变种)名	学　名	种子批的最大重量/kg	样品最小重量/g		
			送验样品	净度分析试样	其他植物种子计数试样
7. 芹菜	*Apium graveolens* L.	10000	25	1	10
8. 根芹菜	*Apium graveolens* L. var. *Rapaceum* DC.	10000	25	1	10
9. 花生	*Arachis hypogaea* L.	25000	1 000	1 000	1 000
10. 牛蒡	*Arctium lappa* L.	10000	50	5	50
11. 石刁柏	*Asparagus officinalis* L.	20000	1 000	100	1 000
12. 紫云英	*Astragalus sinicus* L.	10000	70	7	70
13. 裸燕麦(莜麦)	*Avena nuda* L.	25000	1 000	120	1 000
14. 普通燕麦	*Avena sativa* L.	25000	1 000	120	1 000
15. 落葵	*Basella* spp. L.	10000	200	60	200
16. 冬瓜	*Benincasa hispida*(Thunb.) Cogn.	10000	200	100	200
17. 节瓜	*Benincasa hispida* Cogn. var. *chieh-qua* How.	10000	200	100	200
18. 甜菜	*Beta vulgaris* L.	20000	500	50	500
19. 叶甜菜	*Beta vulgaris* var. Cicla	20000	500	50	500
20. 根甜菜	*Beta vulgaris* var. Rapacea	20000	500	50	500
21. 白菜型油菜	*Brassica campestris* L.	10000	100	10	100
22. 不结球白菜(包括白菜、乌塌菜、紫菜薹、薹菜、菜薹)	*Brassica campestris* L. ssp. *chinensis*(L.)	10000			
23. 芥菜型油菜	*Brassica juncea* Czern. Et Coss.	10000	40	4	40
24. 根用芥菜	*Brassica juncea* Coss. var. *megarrhiza* Tsen et Lee	10000	100	10	100
25. 叶用芥菜	*Brassica juncea* Coss. var. *foliosa* Bailey	10000	40	4	40
26. 茎用芥菜	*Brassica juncea* Coss. var. *tsatsai* Mao	10000	40	4	40
27. 甘蓝型油菜	*Brassica napus* L. ssp. *pekinensis*(Lour.) Olsson	10000	100	10	100
28. 芥蓝	*Brassica oleracea* L. var. *alboglabra* Bailey	10000	100	10	100
29. 结球甘蓝	*Brassica oleracea* L. var. *capitata* L.	10000	100	10	100
30. 球茎甘蓝(苤蓝)	*Brassica oleracea* L. var. *caulorapa* DC.	10000	100	10	100
31. 花椰菜	*Brassica oleracea* L. var. *bortytis* L.	10000	100	10	100
32. 抱子甘蓝	*Brassica oleracea* L. var. *gemmifera* Zenk.	10000	100	10	100
33. 青花菜	*Brassica oleracea* L. var. *italica* Plench	10000	100	10	100
34. 结球白菜	*Brassica campestris* L. ssp. *pekinensis*(Lour.) Olsson	10000	100	4	40
35. 芜菁	*Brassica rapa* L.	10000	70	7	70
36. 芜菁甘蓝	*Brassica napobrassica* Mill.	10000	70	7	70
37. 木豆	*Cajanus cajan*(L.)Millsp.	20000	1000	300	1000
38. 大刀豆	*Canavalia gladiata*(Jacq.)DC.	20000	1000	1000	1000
39. 大麻	*Cannabis sativa* L.	10000	600	60	600
40. 辣椒	*Capsicum frutescens* L.	10000	150	15	150

种(变种)名	学　　　名	种子批的最大重量/kg	样品最小重量/g		
			送验样品	净度分析试样	其他植物种子计数试样
41. 甜椒	*Capsicum frutescens* var. *grossum*	10000	150	15	150
42. 红花	*Carthamus tinctorius* L.	25000	900	90	900
43. 茼蒿	*Chrysanthemum coronarium* var. *spatisum*	5000	30	8	30
44. 西瓜	*Citrullus lanatus*. (Thunb.) Matsum. et Nakai	20000	1000	250	1000
45. 薏苡	*Coix lacryna-jobi* L.	5000	600	150	600
46. 圆果黄麻	*Corchorus capsularis* L.	10000	150	15	150
47. 长果黄麻	*Corchorus olitorius* L.	10000	150	15	150
48. 芫荽	*Coriandrum sativum* L.	10000	400	40	400
49. 柽麻	*Crotalaria juncea* L.	10000	700	70	700
50. 甜瓜	*Cucumis melo* L.	10000	150	70	150
51. 越瓜	*Cucumis melo* L. var. *conomon* Makino	10000	150	70	150
52. 菜瓜	*Cucumis melo* L. var. *flexuosus* Naud.	10000	150	70	150
53. 黄瓜	*Cucumis sativus* L.	10000	150	70	150
54. 笋瓜(印度南瓜)	*Cucurbita maxima*. Duch. ex Lam	20000	1000	700	1000
55. 南瓜(中国南瓜)	*Cucurbita moschata* (Duchesne) Duchesne ex Poiret	10000	350	180	350
56. 西葫芦(美洲南瓜)	*Cucurbita pepo* L.	20000	1000	700	1000
57. 瓜尔豆	*Cyamopsis tetragonoloba* (L.) Taubert	20000	1000	100	1000
58. 胡萝卜	*Daucus carota* L.	10000	30	3	30
59. 扁豆	*Dolichos lablab* L.	20000	1000	600	1000
60. 龙爪稷	*Eleusine coracana* (L.) Gaertn.	10000	60	6	60
61. 甜荞	*Fagopyrum esculentum* Moench	10000	600	60	600
62. 苦荞	*Fagopyrum tataricum* (L.) Gaertn.	10000	500	50	500
63. 茴香	*Foeniculum vulgare* Miller	10000	180	18	180
64. 大豆	*Glycine max* (L.) Merr.	25000	1000	500	1000
65. 棉花	*Gossypium* spp.	25000	1000	350	1000
66. 向日葵	*Helianthus annuus* L.	25000	1000	200	1000
67. 红麻	*Hibiscus cannabinus* L.	10000	700	70	700
68. 黄秋葵	*Hibiscus esculentus* L.	20000	1000	140	1000
69. 大麦	*Hordeum vulgare* L.	25000	1000	120	1000
70. 蕹菜	*Ipomoea aquatica* Forsskal	20000	1000	100	1000
71. 莴苣	*Lactuca sativa* L.	10000	30	3	30
72. 瓠瓜	*Lagenaria siceraria* (Molina) Standley	20000	1000	500	1000
73. 兵豆(小扁豆)	*Lens culinaris* Medikus	10000	600	60	600
74. 亚麻	*Linum usitatissimum* L.	10000	150	15	150
75. 棱角丝瓜	*Luffa acutangula* (L.) Roxb.	20000	1000	400	1000
76. 普通丝瓜	*Luffa cylindrica* (L.) Roem.	20000	1000	250	1000
77. 番茄	*Lycopersicon lycopersicum* (L.) Karsten	10000	15	7	15
78. 金花菜	*Medicago polymor pha* L.	10000	70	7	70
79. 紫花苜蓿	*Medicago sativa* L.	10000	50	5	50

种（变种）名	学　　　名	种子批的最大重量/kg	样品最小重量/g 送验样品	样品最小重量/g 净度分析试样	样品最小重量/g 其他植物种子计数试样
80. 白香草木樨	*Melilotus albus* Desr.	10000	50	5	50
81. 黄香草木樨	*Melilotus officinalis*（L.）Pallas	10000	50	5	50
82. 苦瓜	*Momordica charantia* L.	20000	1000	450	1000
83. 豆瓣菜	*Nasturtium officinale* R. Br.	10000	25	0.5	5
84. 烟草	*Nicotiana tabacum* L.	10000	25	0.5	5
85. 罗勒	*Ocimum basilicum* L.	10000	40	4	40
86. 稻	*Oryza sativa* L.	25000	400	40	400
87. 豆薯	*Pachyrhizus erosus*（L.）Urban	20000	1000	250	1000
88. 黍（穈子）	*Panicum miliaceum* L.	10000	150	15	150
89. 欧防风	*Pastinaca sativa* L.	10000	100	10	100
90. 欧芹	*Petroselinum crispum*（Miller）Nyman ex A. W. Hill	10000	40	4	40
91. 多花菜豆	*Phaseolus multiflorus* Willd.	20000	1000	1000	1000
92. 利马豆（莱豆）	*Phaseolus lunatus* L.	20000	1000	1000	1000
93. 菜豆	*Phaseolus vulgaris* L.	25000	1000	700	1000
94. 酸浆	*Physalis pubescens* L.	10000	25	2	20
95. 茴芹	*Pimpinella anisum* L.	10000	70	7	70
96. 豌豆	*Pisum sativum* L.	25000	1000	900	1000
97. 马齿苋	*Portulaca oleracea* L.	10000	25	0.5	5
98. 四棱豆	*Psophocar pus tetragonolobus*（L.）DC.	25000	1000	1000	1000
99. 萝卜	*Raphanus sativus* L.	10000	300	30	300
100. 食用大黄	*Rheum rhaponticum* L.	10000	450	45	450
101. 蓖麻	*Ricinus communis* L.	20000	1000	500	1000
102. 鸦葱	*Scorzonera hispanica* L.	10000	300	30	300
103. 黑麦	*Secale cereale* L.	25000	1000	120	1000
104. 佛手瓜	*Sechium edule*（Jacp.）Swartz	20000	1000	1000	1000
105. 芝麻	*Sesamum indicum* L.	10000	70	7	70
106. 田菁	*Sesbania cannabina*（Retz.）Pers.	10000	90	9	90
107. 粟	*Setaria italica*（L.）Beauv.	10000	90	9	90
108. 茄子	*Solanum melongena* L.	10000	150	15	150
109. 高粱	*Sorghum bicolor*（L.）Moench	10000	900	90	900
110. 菠菜	*Spinacia oleracea* L.	10000	250	25	250
111. 藜豆	*Stizolobium* ssp.	20000	1000	250	1000
112. 番杏	*Tetragonia tetragonioides*（Pallas）Kuntze	20000	1000	200	1000
113. 婆罗门参	*Tragopogon porrifolius* L.	10000	400	40	400
114. 小黑麦	X *Triticosecale* Wittm.	25000	1000	120	1000
115. 小麦	*Triticum aestivum* L.	25000	1000	120	1000
116. 蚕豆	*Vicia faba* L.	25000	1000	1000	1000
117. 箭舌豌豆	*Vicia sativa* L.	25000	1000	140	1000
118. 毛叶苕子	*Vicia villosa* Roth	20000	1080	140	1080

种(变种)名	学　　　名	种子批的最大重量/kg	样品最小重量/g		
			送验样品	净度分析试样	其他植物种子计数试样
119. 赤豆	*Vigna angularis*（Willd）Ohwi & Ohashi	20000	1000	250	1000
120. 绿豆	*Vigna radiata*（L.）Wilczek	20000	1000	120	1000
121. 饭豆	*Vigna umbellata*（Thunb.）Ohwi & Ohashi	20000	1000	250	1000
122. 长豇豆	*Vigna unguiculata* W. ssp. *sesquipedalis*（L.）Verd.	20000	1000	400	1000
123. 矮豇豆	*Vigna unguiculata* W. ssp. *Unguiculata*（L.）Verd.	20000	1000	400	1000
124. 玉米	*Zea mays* L.	40000	1000	900	1000

任务二　扦样及分样仪器设备的使用

一、扦样用仪器设备

目前国内外常用的扦样器有单管扦样器（图 2-1）、双管扦样器（图 2-2）、圆锥形扦样器（图 2-3）、气吸式扦样器（图 2-4）。

图 2-1　单管扦样器

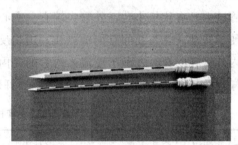

图 2-2　双管扦样器

图 2-3　圆锥形扦样器

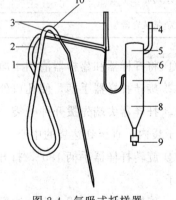

图 2-4　气吸式扦样器

1—扦样管；2—皮管；3—支持杆；4,5—排气管；6—曲管；7—减压室；8—样品收集室；9—玻质观察管；10—连接管

1. 单管扦样器（诺培扦样器）

主要用于袋装的中、小粒种子的扦样。单管扦样器有多种不同的型号和规格，分别适用于扦取不同的种子。其构造和使用方法大致相同。

单管扦样器的管由金属制成，手柄为木制。适用于禾谷类种子的单管扦样器总长度约为50cm，管的直径约1.5cm。金属管上有纵向斜槽形切口，槽长约30cm，宽约0.8cm。管的前端尖锐，长约5cm。管下端略粗与手柄相连接，手柄长约15cm，中空，便于种子流出。这种扦样器适用于中小粒种子扦样。选择扦样器的原则是扦样器长度要略短于被扦容器的斜角长度。单管扦样器扦取袋装种子的程序如下。

① 将扦样器和盛样器清洁干净。

② 扦样器尖端先拨开种子袋一角的线孔，槽孔向下，尖端向上与水平约成30°角慢慢插入种子袋内，直至到达袋的中心。

③ 旋转扦样器手柄180°，使凹槽向上，稍稍振动以确保扦样器全部装满种子。

④ 慢慢将扦样器从种子袋中抽出，将种子倒入准备好的样品袋或其他容器中。

⑤ 用扦样器尖端对着扦样孔口，将孔口拨好，也可用纸粘好扦孔。

2. 双管扦样器

主要用于散装和袋装种子的扦样。不同型号和规格的双管扦样器分别适用于不同种类的种子和容器。双管扦样器是用粗细不同的两个金属制成的空心管紧密套在一起制成。其内外管的管壁上开有狭长小孔，外管尖端有一实心的圆锥体，便于插入种子，内管末端与手柄连接，便于转动。孔与孔间有柄壁隔开，用相反方向旋转手柄就可使孔关闭，其原理在于当旋转到内外管孔吻合时，种子便流入内管的孔内，再将内管旋转半周，孔口即关闭。常用的双管扦样器的规格大小见表2-2。双管扦样器扦样程序如下。

表 2-2 双管扦样器规格大小

适用种子类型（容器）	扦样器长度/mm	外径/mm	小孔数目
小粒易流动种子（袋）	762	12.7	9
禾谷类（袋）	762	25.4	6
禾谷类（散装容器）	1600	38	6～9

① 将扦样器和盛样器清扫干净。

② 旋转扦样器手柄，使孔口处于关闭状态。

③ 扦样器尖端先拨开种子袋一角的线孔，槽孔向下，尖端向上与水平约成30°角慢慢插入种子袋内，直至到达袋的中心。

④ 旋转扦样器手柄180°，打开孔口，使种子落入孔内，稍稍振动以确保扦样器全部装满种子。

⑤ 旋转内管，关闭小室。注意不要关得太紧，以免使某些种子被压碎而被归于杂质。

⑥ 抽出扦样器，即可打开孔口，将种子倒入盘内或倒在桌上、纸上。

⑦ 用扦样器尖端对着扦样孔口，将孔口拨好，也可用纸粘好扦孔。

3. 长柄短筒圆锥形扦样器

又名探子，是最常用的散装种子的扦样器，全部由金属制成，由长柄和扦样筒两部分组成。长柄有实心和空心两种，柄长 2～3m，由 3～4 节组成。节和节用螺丝连接，长度可调节，最上一节是圆环形握柄。扦样筒由圆锥体、套筒、进种门、活动塞、定位鞘等构成。长柄短筒圆锥形扦样器扦样程序如下。

① 将长柄短筒圆锥扦样器和盛样器清洁干净。

② 关闭进种门，插入袋中。

③ 到达一定深度后，用力向上一拉，使活动塞离开进种门，略加振动，种子即落入门内。

④ 关闭进种门，然后抽出扦样器，把种子倒入盛样器中。

4. 种子流扦样容器

适用于均匀和连续的种子流。其扦样程序如下。

① 从种子流中取得初次样品，使用一个容器宽于种子流的横截面，不允许种子进入扦样容器而反弹出来。

② 将扦样器和盛样器清洁干净。

③ 在加工种子时以相同的间隔扦取初次样品，确保种子样品具有代表性。

二、分样用仪器设备

目前我国常用的分样器有钟鼎式分样器（也叫圆锥形分样器）（图 2-5）、横格式分样器（图 2-6）和电动离心式分样器（图 2-7）。钟鼎式分样器和横格式分样器有大小不同型号，大者常用于玉米、大豆等大、中粒种子的分样，小者常用于谷子、白菜等小粒种子的分样。

图 2-5　钟鼎式分样器　　　　图 2-6　横格式分样器　　　　图 2-7　电动离心式分样器

（一）钟鼎式分样器

1. 构造原理及使用

它们都是用铜皮、铁皮和不锈钢制成，顶部为漏斗，其下为活门。活门下部为一圆锥体，锥体的顶尖正对活门的中心，锥体底部周围均匀地分成若干个相等格。其中相间的一半格子下面各设有小槽，所分样品经小槽流入内层，经小口流入一个盛样器；另外相间的一半格子为一通路，也设有小槽，样品经小槽流入外层，从大口进入另一盛样器。

2. 操作

（1）准备

① 检查分样器和盛样器是否干净。

② 确定分样器处于比较稳定的水平表面。

（2）混合

① 把 A 和 B 两个盛样器分别放在分样器两边的两个出口下。

② 把混合样品放入盛样器 C，把 C 中种子倒入漏斗，铺平，用手快速拨开活门，使种子迅速下落。

③ 再把 A、B 中的种子倒入 C 重新混合，把 A、B 两个空盛样器放在分样器两边，把 C 中种子倒入漏斗中。

④ 重复第③步 2～3 次，确保种子达到随机混合。

（3）分样

① 经过混合阶段的第③步骤，在分样器漏斗下有 A、B 两个盛样器，每一个都有混合样品的一半种子，把 A 中种子放入另一个盛样器后，再把 A 放在漏斗下，移去 B，用空 C 来代替。

② 把 B 中种子倒入漏斗中，这样 A、B 各有四分之一的种子。

③ 把 A 移到混合样品盛样器中（通常有盖），把空盛样器 A 和 B 放在漏斗下。

④ 把 B 中种子倒入漏斗中。

⑤ 继续这一过程，从另一边取一个容器，直至另一送验样品达到规定重量为止。

⑥ 把送验样品放入样品袋中，并封口（如果分取的是试样就不用封口）。

⑦ 确信样品袋上有样品标签标识信息。

注意：如果没有足够的种子构成规定的样品重量，千万不要采用拿少量种子来补充，缺少部分只能从混合样品的其余部分分取规定的送验样品重量。

（二）横格式分样器

1. 构造原理及使用

适合于大粒和带稃壳的种子分样。横格式分样器用铁皮或不锈钢制成。其结构是顶部为一长方形漏斗，下面是 12～18 个排列成一行的长方形格子凹槽，其中相间的一半格子通向一个方向，另一半格子通向另一个方向，每组格子下面分别有一个与倾倒槽长度相等的盛接盘。

2. 操作

（1）准备

① 检查分样器和盛样器是否干净。

② 确定分样器处于比较稳定的水平表面。

（2）混合

① 把 A 和 B 两个盛样器分别放在分样器两边的两个出口下。

② 把混合样品放入盛样器 C，把 C 沿着整个漏斗等速倒入分样器，使每一边有同样的种子。

③ 再把 A、B 中的种子倒入 C 重新混合，把 A、B 两个空盛样器放在分样器两边，把 C 中种子倒入漏斗中。

④ 对于易流动的种子，重复第③步一次，对于有稃壳的种子，重复两次，确保种子达到随机混合。

（3）分样

① 经过混合阶段的第③步骤，在分样器漏斗下有 A、B 两个盛样器，每一个都有混合样品的一半种子，把 A 中种子放入另一个盛样器后，再把 A 放在漏斗下，移去 B，用空 C 来代替。

② 把 B 中种子倒漏斗中，这样 A、B 各有四分之一的种子。

③ 把 A 移到混合样品盛样器中（通常有盖），把空盛样器 A 和 B 放在漏斗下。

④ 把 B 中种子倒入漏斗中。

⑤ 继续这一过程，直至另一送验样品达到规定重量为止。

⑥ 把送验样品放入样品袋中，并封口（如果分取的是试样就不用封口）。

⑦ 确信样品袋上有样品标签标识信息。

注意：如果没有足够的种子构成规定的样品重量，千万不要采用取少量种子来补充，缺少部分只能从混合样品的其余部分分取规定的送验样品重量。

（三）电动离心式分样器

1. 构造原理及使用

FyJ-532 型分样器可将样品分成 5∶3∶2 的 3 份。其基本构造包括三部分：一是传动部分，包括电动机、支架、箱体和带轮等；二是分样部分，包括进料斗、开关、旋转分样盘和外壳等；三是盛样器和底座。分样盘上有 10 个大小相等的分样孔，由于分样盘保持一定的速度旋转，所以进入每个分样孔的样品数量是相等的。其中 5 个孔通向内侧出料管，3 个孔通向外侧出料管，2 个孔通向中间出料管。使用时先将分样器清理干净，关闭活门，3 个盛接器分别对准 3 个出料口，然后把样品倒入进料斗，接通电源，打开活门，样品通过分样盘后落入盛接器中，使样品分成 3 份。

2. 操作

① 调节分样器的脚，使其水平。

② 检查并清洁分样器和盛接器。

③ 将盛样器放在各出口处。

④ 将待分的样品倒入漏斗盒，当装入漏斗时，种子必须始终倒在中心。

⑤ 启动旋转器，使种子流入盛接器。

⑥ 取出装有种子的两个盛接器分别换上空盛接器，将两个盛接器装有的种子一起倒入漏斗，这样种子会边倒入边自然地混合均匀，再启动旋转器。

⑦ 重复第⑥步骤 1 次。

⑧ 取出装有种子的两个盛接器分别换上空盛接器，将一个装有种子的盛接器搁置不用，另一个盛接器内的种子倒入漏斗中，然后启动旋转器。

⑨ 这个程序重复进行，直至分到与规定大小相当的送验样品（或试验样品）为止。

任务三　扦样操作

一、准备扦样器具

根据被扦作物种类，准备好各种扦样必需的仪器，如扦样器、样品盛放器、送验样品袋、供水分测定的样品容器、扦样单、标签、封签、粗天平等。

二、检查种子批

在扦样前，扦样员应向被扦样的单位了解种子批的有关情况，并对被扦的种子批进行检查，确定是否符合规程的规定。

1. 种子批大小

检查种子批的袋数和每袋种子的重量，由此来确定其总重量，再与 GB/T 3543.2—1995《农作物种子检验规程　扦样》中表1所规定的重量（容许差距为5%）进行比较。如果种子批的重量超过规程规定的重量要求，应分批扦样。

2. 种子批处于便于扦样的状况

被扦的种子批的堆放应便于扦样，扦样员至少能靠近种子批堆放的两个面进行扦样。如果达不到要求，必须移动种子袋。

3. 检查种子袋封口和标识

所有的盛装的种子袋必须封口，并有一个相同的批号或编码的标签，此标识必须记录在扦样单上或样品袋上。

4. 检查种子批的均匀度

确信种子已进行适当的混合、掺匀和加工，并尽可能达到均匀一致，不能有异质性的文件记录或其他迹象。如果发生怀疑，可按 GB/T 3543.2—1995 附录A规定的异质性测定方法进行测定。

三、确定扦样频率并扦取初次样品

扦取初次样品的频率（也称点数）要根据扦样容器（袋）的大小和类型来确定，主要有下面几种情况。

1. 袋装种子扦样

（1）扦样袋数的确定　对于容量大于 15kg 小于 100kg 重量的包装，按种子批的容器（袋）数确定扦样频率（表 2-3 和表 2-4），规定的扦样频率是最低要求。在实践中，通常扦样前先了解种子批的总袋数，然后按表 2-4 规定确定应至少扦取的袋数。

表 2-3　袋（容器）装种子批的最低扦样频率

种子批袋数（容器数）	扦取的最低袋数(容器数)	种子批袋数（容器数）	扦取的最低袋数(容器数)
1～5	每袋都扦取，至少扦取 5 个初次样品	50～400	每 5 袋至少扦取 1 袋
6～14	不少于 5 袋	401～560	不少于 80 袋
15～30	每 3 袋至少扦取 1 袋	561 以上	每 7 袋至少扦取 1 袋
31～49	不少于 10 袋		

表 2-4　1999 版《国际种子检验规程》规定的袋装种子扦样袋数

种子批袋数（容器数）	扦取初次样品的最低数目(容器数)	种子批袋数（容器数）	扦取初次样品的最低数目(容器数)
1～4	每个容器扦 3 个初次样品	16～30	扦 15 个初次样品
5～8	每个容器扦 2 个初次样品	31～59	扦 20 个初次样品
9～15	每个容器扦 1 个初次样品	60 以上	扦 30 个初次样品

对于容量小于 15kg 的包装，以 100kg 作为基本单位，小容器合并组成基本单位，再按表 2-3 的标准确定扦样频率；对于密封的瓜菜种子，每包种子重量只有 200g、100g、50g 甚至更小，可根据表 2-1 规定的送验样品数量，直接取小包装作为初次样品。

（2）扦样点的设置　袋装（或容器）种子堆垛存放时，应随机选定取样的袋，从上、中、下各部位设立扦样点，每个容器只需扦一个部位。不是堆垛存放时，可平均分配，每隔一定袋数设置扦样点。

（3）扦取初次样品　选用合适的扦样器，扦取初次样品。因扦样造成的孔洞，可用扦样器尖端对着孔洞相对方向拨几下，使麻线合并在一起，密封纸袋可用粘布粘贴。

花生、棉花种子采用拆开袋口徒手扦样或倒包扦样。方法是将种子放在预先铺好的清洁的塑料布或帆布上，拆开袋缝线，两手掀起袋底两角，袋身倾斜 45°，徐徐后退 1m，使种子保持原袋中的层次，然后在上、中、下 3 个部位徒手扦取初次样品。

2. 散装种子扦样法

（1）扦样点数的确定　根据种子批散装的数量确定扦样点数（表 2-5 和表 2-6）。

表 2-5　散装或大于 100kg 容器的种子批的最低扦样频率

种子批大小/kg	扦样点数	种子批大小/kg	扦样点数
50 以下	不少于 3 点	5001～20000	每 500kg 至少扦取 1 点
51～1500	不少于 5 点	20001～28000	不少于 40 点
1501～3000	每 300kg 至少扦取 1 点	28001～40000	每 700kg 至少扦取 1 点
3001～5000	不少于 10 点		

表 2-6　1999 版《国际种子检验规程》规定的散装种子扦样点数

种子批大小/kg	扦取初次样品的数目
500 以下	不少于 5 个初次样品
501~3000	每 300kg 扦取 1 个初次样品，但不得少于 5 个
3001~20000	每 500kg 扦取 1 个初次样品，但不得少于 10 个
20001 以上	每 700kg 扦取 1 个初次样品，但不得少于 40 个

（2）扦样点的设置　按种子堆面积大小将种子批分成若干区。每区面积不超过 25m²，每区的四角和中心各设一点，四角各点在距墙壁 50cm 左右处。如超过 25m² 则设两个区，相邻区的角点可以合并设在各区分界线上。如一个区设 5 个扦样点，两个区则设 8 个扦样点，三个区设 11 个扦样点，以此类推。

（3）按堆高分层　种子堆高不足 2m 时，分上、下两层；堆高 2~3m 时，分上、中、下三层，上层在距顶部以下 10~20cm 处，中层在种子堆中心，下层距底部 5~10cm 处；堆高 3m 以上再加一层。

（4）扦取初次样品　用散装种子扦样器，根据扦样点位置，按一定扦样次序扦样，先扦上层，后扦中层，最后扦下层，每个部位扦取的数量应大体相等。

3. 输送流扦样法

种子在利用机械进出仓时，可在输送流中扦取样品。当种子进行机械加工、精选、烘干处理时，最好在种子处理完毕流出机械时扦样。方法是根据一批种子的数量和输送速度定时定量用取样勺从输送流的两侧或中间依次扦取，扦取初次样品的数目与散装种子扦样法的要求相同。

四、配制混合样品

从种子批各个扦样点上扦出的所有初次样品（小样）经充分混合后就组成一个混合样品。在初次样品混合之前，首先将其分别倒在样品盘内或样品布上，仔细观察，比较这些初次样品在形态、颜色、光泽、水分、杂质种类和数量及其品质方面有无显著差异，若无显著差异，即可混合而成一个混合样品。若发现有些初次样品间质量有明显差异时，可以把这些初次样品所代表的种子从该批种子中划分出来，作为另一批种子单独扦取混合样品；若不能将这些质量有差异的种子从种子批中划分出来，则应停止扦样或把整批种子经过混合后再扦样。如果对各初次样品质量的一致性发生怀疑，则须进行异质性（H 值）测定，根据测定结果决定是否扦样。将扦取的初次样品放入样品盛放器中（千万不能把样品袋套在扦样器上让种子自流），组成混合样品。

五、送验样品的制备和处理

送验样品是在混合样品的基础上配制而成的。当混合样品的数量与送验样品规定的数量相等时，即可将混合样品作为送验样品。当混合样品数量较多时，应从该混合样品中分出规定数量的送验样品。

（一）送验样品的重量

送验样品的重量根据作物种类及检验项目来定。在 GB/T 3543—1995《农作物种子检验规程》中规定了三种情况下送验样品的最低重量。

1. 水分测定

需磨碎的种类为100g，不需磨碎的种类为50g。

2. 品种纯度鉴定

按GB/T 3543—1995《农作物种子检验规程　品种真实性与品种纯度鉴定》的规定鉴定（表2-7）。

表2-7　品种纯度鉴定送验样品重量

（GB/T 3543.5—1995农作物种子检验规程）
　　　　　　　　　　　　　　　　　　　　　　　　　　　　g

种类	实验室测定	田间与实验室测定
豌豆属、菜豆属、蚕豆属、玉米属、大豆属及种子大小类似的其他属	1000	2000
水稻属、大麦属、燕麦属、黑麦属、小麦属及种子大小类似的其他属	500	1000
甜菜属及种子大小类似的其他属	250	500
所有其他属	100	250

3. 所有其他项目测定

这里所指的其他项目测定包括净度分析、其他植物种子数目测定以及净度分析后的净种子作为试样的发芽试验、生活力测定、重量测定、种子健康测定等。其送验样品规定的最小重量按GB/T 3543.5—1995《农作物种子检验规程　扦样》的表3第4栏纵栏规定。当送验样品小于规定重量时，应通知扦样员补足后再进行分析。但某些较为昂贵的或稀有的品种可以例外，允许较少数量的送验样品。如不进行其他植物种子数目测定，送验样品至少达到GB/T 3543.2—1995《农作物种子检验规程　扦样》的表3第5栏净度分析试验样品的规定重量，并在结果报告单上加以说明。

（二）送验样品的分取

常用的分样方法有机械分样和徒手分样两种。徒手分样法又分为减半法和四分法两种。

一般情况在仓库或现场配制混合样品后，称其重量。如果混合样品重量与送验样品的重量相符合，就可直接作为送验样品；如果数量较多时，则可用分样器或分样板分出足够数量的送验样品。

1. 机械分样法

根据种子种类选择合适的分样器，将混合样品用钟鼎式、横格式或电动离心式分样器反复递减后，分得与送验样品的重量相符合的送验样品。

2. 徒手减半分样法

那些有稃壳的种子不适宜用机械分样器分样，用徒手分取却能获得满意的结果。有稃壳不易流动的种子如水稻种子就可使用此法。具体做法如下。

① 将种子均匀地倒在一个光滑清洁的平面上。

② 用平边刮板将种子充分混匀形成一堆。

③ 将整堆种子分成两半，每半再对分一次，这样得到四个部分；然后把其中每一部分

再减半共分成八部分，排成两行，每行四个部分。

④ 合并和保留交错部分，如第 1 行的第 1 和第 3 部分与第 2 行的第 2 和第 4 部分合并（图 2-8）。把留下的四部分拿开，即把样品分成两部分。

图 2-8　徒手减半分样法

⑤ 第④步保留的部分，按②③④重复分样，直至分到所需重量的试验样品为止。

3. 徒手四分法

GB/T 3543.2—1995 规定的四分法与减半法有点差异，即采用对角线的两个对顶的三角形的样品合并。将样品倒在光滑的桌面上或玻璃板上，用分样板将样品先纵向混合，再横向混合，重复混合 4～5 次，然后将种子摊平成四方形，用分样板划两条对角线，使样品分成 4 个三角形，再取两个对顶三角形内的样品继续按上述方法分取，直到两个三角形内的样品接近两份试验样品的重量为止（图 2-9）。

图 2-9　四分法

（三）送验样品的处理

供净度分析等测定项目的送验样品应装入纸袋或布袋子，贴好标签，封口。对于供水分测定的样品，应装入防湿密封的容器内。与发芽试验有关的送验样品可用布袋或纸袋包装，贴好标签，封口。

样品包装封缄后，与填好的种子扦样单（表 2-8）一起由扦样员（检验员）尽快送到种子检验机构，不得延误。注意不要将样品交给种子所有者、申请者及其他人员。

扦样单填写必须一式两份，一份交检验室，一份交被扦单位保存。扦样单必须填报下列内容。

① 扦样员姓名、身份（扦样员号）及签字。

② 被扦单位的名称和地址。

③ 扦样日期。

④ 种子批号或标签号。

⑤ 种和品种名称。

表 2-8　种子扦样单

受检单位	名称				
	地址			电话	
作物名称		品种名称		生产单位	
种子批号		批重		容器数	
种类等级		样品编号		样品重量	
种子处理说明				扦样时期	
检测项目					
备注或说明					
受检单位法人代表签字(被扦单位公章)			扦样员签字和证号(扦样单位公章)		

⑥ 种子批重量。

⑦ 容器（袋）数量（和种类）。

⑧ 检测项目。

⑨ 有关影响检测结果的扦样环境条件的说明。

⑩ 被扦样单位提供的其他信息。

六、样品保存

检验单位收到样品后要立刻检查有无扦样证明书，填写是否正确，样品重量、包装是否符合要求等。如不符合要求应退回重扦；如符合要求应立即登记，包括试验分析编号、送验人员、作物品种名称、样品批号、样品到达日期、样品编号、检验项目、检验结束日期、检验结果报告日期，然后应从速进行检验。如不能及时检验，须将样品保存在凉爽、通风的室内，使质量的变化降到最低限度。

为便于复验，应将保留样品在适宜条件（低温干燥）下保存一个生长周期。其主要目的是对种子质量产生疑义时，进行复检；再者是要进行小区种植鉴定。样品贮藏要保证样品在贮藏期间尽可能减少其质量的劣变，保持原始发芽率，也避免昆虫的危害。

样品贮藏室应建立保管制度，特别是要对种子样品的状态进行标识规范，以示区别未检的送验样品、保留样品，以免发生差错。

【案例】玉米种子批扦样

［案例］某种子公司现有袋装玉米杂交种 30000kg，每袋 50kg，准备对其进行检验评级，请你扦出样品送到检验室供检验用。

一、准备扦样器具

根据被扦作物种类，准备好各种扦样必需的仪器，如扦样器、样品盛放器、送验样品袋、供水分测定的样品容器、扦样单、标签、封签、粗天平等。

二、检查种子批

1. 种子批大小

2. 种子批处于便于扦样的状况

3. 检查种子袋封口和标识

4. 检查种子批的均匀度

三、确定扦样频率并扦取初次样品

1. 扦样袋数的确定

2. 扦样点的设置

3. 扦取初次样品

四、送验样品的制备和处理

复习思考题

1. 名词解释：扦样，种子批，初次样品，混合样品，送验样品，试验样品，半试样。

2. 袋装种子批和散装种子批的扦样有何异同？

3. 某种子公司收购一批 50 袋玉米种子，每袋 50kg，请你按种子检验标准扦取样品，并送到检验室，要求写出详细的操作过程，画出扦样点的分布图，填写扦样单。

4. 扦样目的是什么？原则有哪些？

5. 简述从种子批扦取送验样品程序。

6. 简述袋装种子扦样器使用方法（单管扦样器及其使用，双管扦样器及其使用）。

课后作业　按规程要求扦取玉米种子送验样品并完成下表。

玉米种子扦样检验程序

组别：　　　扦样人：　　　参加人：　　　　　　时间：　　年　月　日

一、扦样目的：		
二、扦样分样仪器设备：		
三、扦样操作程序	（一）扦样分样器具准备：	
	（二）检查种子批：	
	（三）确定扦样频率并扦取初次样品：	
	（四）配制混合样品：	
	（五）样品保存（完成种子扦样单）：	
	（六）填写种子扦样单：	

项目三 水分测定

任务一 学习种子水分测定基本知识

种子水分是一个容易发生变化的质量特性。当进行全面检验时应该首先进行水分测定；如不能及时测定水分，送验样品要密封包装。种子水分是种子质量标准中的四项指标之一。种子水分高低直接影响到种子安全包装、贮藏、运输，对保持种子生活力和活力十分重要。种子水分与种子成熟度、收获的最佳时间、种子包装、干燥的合理性、人为和自然伤害（热伤，冻伤、霜冻、病虫害）、机械损伤等因素密切关系。因此，测定种子水分，控制种子含水量是保证种子质量的关键。据研究表明，对于大多数农作物、蔬菜、牧草种子而言，种子水分低则有利于保持种子生活力和活力，延长种子寿命。

一、种子水分含义

种子水分是指种子样品在没有引起任何化学变化的条件下，与周围蒸汽压平衡至零时所失去的重量。

种子水分测定方法主要有烘箱干燥法、甲苯蒸馏法、溶剂抽提法、电子仪器速测法、化学法（卡尔·费休滴定法）等。GB/T 3543.6—1995《农作物种子检验规程》所规定种子水分测定方法为烘箱法。此法是以湿重为基础，并把水分定义为按规程规定的程序将种子样品在烘箱内烘干，用失去水分重量占供检样品原始重量的百分率来表示种子水分。

二、种子水分和油分的性质以及与水分测定的关系

1. 种子水分存在的状态

种子中的水分有自由水和束缚水两种。

自由水也称游离水，是生物化学的介质，靠毛细管引力比较松弛地保持在种子中的、能自由移动的水分。自由水具有一般水的性质，可作为溶剂，存在于细胞间隙，能在细胞间隙中流动，不稳定，极易蒸发，0℃能结冰。所以在水分测定前和水分测定过程中要防止这种水分蒸发，尤其对高水分种子更应注意，否则会使水分测定结果偏低。如送验样品必须装在防湿容器中，并尽可能排除空气；样品接收后立即测定（如果当天不能测定，应将样品贮藏在4～5℃冰箱中，但不能贮存在低于0℃的冰箱中）；测定种子水分过程中的取样、磨碎、称重必须迅速，避免蒸发；高水分种子的自由水含量更高，更易蒸发散失，需磨碎的高水分种子应采用高水分预先烘干法。

束缚水也称结合水，是指靠分子间引力被种子中淀粉、蛋白质等亲水胶体吸附的水分，又可分为紧密结合水和非紧密结合水。该部分水不具有普通水的性质，较难从种子中蒸发出去，只有在较高温度下，经较长时间的加热才能使其全部蒸发出来。

通常所说的种子水分是自由水和束缚水之和。因此要准确测定种子水分，实质是准确测定种子中这两种水分的含量。

化合水，又称组织水或分解水。它并不以水分子形式存在，而是以一种潜在的可以转化为水的形态存在于种子里，如种子内糖类中的 H 和 O 元素。当水分测定用较低的温度烘干时，这种物质不受影响；如果长时间用高温烘干，这些化合物就会被分解放出水分，使得水分测定的结果比实际水分含量偏高。

2. 油分

某些种子中含有亚麻酸等不饱和脂肪酸较高的油料作物（如亚麻），如果种子磨碎、剪碎或烘干温度过高，不饱和脂肪酸容易氧化，使不饱和键上结合氧分子，增加了样品重量，使水分测定结果偏低，所以测定种子水分时要严格控制温度，并且不应磨碎或剪碎。

还有一些蔬菜种子和油料作物种子含有较高的油分。油分沸点较低，特别是含有芳香油含量较高的种子，温度过高这些成分就易散失，使样品减重，水分测定结果偏高。

由此可见，种子水分测定必须保证使种子自由水和束缚水充分而全部除去，还要尽最大可能减少氧化、分解或其他挥发性物质的损失。

任务二　水分测定仪器设备的使用

一、种子水分测定工作区

种子水分测定要有单独的房间，这样种子水分不会因通风或空调而导致空气流动。水分测定工作区分为两部分：一部分是热和噪声区，主要放置电热恒温干燥箱、磨粉机、筛子、干燥器、工作台等，也可把水分快速测定的仪器设备放在这一区内；另一部分是舒适和干净的工作区，主要放置电子天平、试验台、计算器以及水分测定的其他用具和仪器。

二、水分测定的仪器设备

1. 电热恒温干燥箱

电热恒温干燥箱是水分测定使用的必要设备之一，也是实验室最常见的仪器设备，十分普遍。随着技术的不断进步，恒温干燥箱也越来越先进，如由过去温度计测量温度变为现在电子显示测量，温度的控制更加准确和方便。目前常用的是电热恒温干燥箱（图3-1），其主要由保温部分（箱体）、加热部分（电热丝）和调温部分（恒温控制器）以及鼓风机等组成。温度控制范围为0～200℃或50～200℃，控温精度为±1℃，升温速度快，温度为数字显示。烘箱内有用来放置种子样品的铁丝架及一支精确度可测到0.5℃的温度计，放在样品盒旁边。

图 3-1　电热恒温干燥箱　　　　　　　图 3-2　电动粉碎机

2. 电动粉碎（或磨粉）机

电动粉碎机（图3-2）是水分测定中需磨碎样品时使用的设备，为满足测定水分的需要，对粉碎机有如下要求。

① 需用不吸湿的材料制成。

② 其构造要使需磨碎的种子和磨碎的材料在磨碎过程中尽可能避免室内空气的影响。

③ 磨碎速度要均匀，不致使磨碎材料发热。空气对流会引起水分丧失，应使其降低到最低限度。

④ 磨粉机可调节到规程所规定的磨碎细度。需备有孔径为0.5mm、1.0mm、4.0mm的金属筛片。

3. 天平

现在普遍使用电子分析天平（图3-3），感量达到±1mg。

图 3-3　电子分析天平　　　　　　　图 3-4　干燥器及干燥剂

4. 干燥器和干燥剂

干燥器（图 3-4）主要是用于放置烘干后的样品盒和样品烘干后冷却，防止回潮，以免影响测定结果的准确性。干燥剂最好具有快速吸湿的特点。目前我国广泛使用的干燥剂是变色硅胶；国际上主要用五氧化二磷、活性矾土或 1/16in（1in＝0.0254m）的 4A 型分子筛。

5. 其他用具

主要有样品盒、玻璃瓶、匙子、坩埚钳、手套等用具。

样品盒用热导率高的金属（常用铝）材料制成，现多为带盖的圆筒形铝盒。分为两种规格：一种是小型样品盒，直径为 4.5cm，可放试样 4～5g，对样品直接烘干时用；另一种是中型样品盒，直径等于或大于 8cm，一般用于高水分种子第一次烘干时使用。我国《农作物种子检验规程》中规定样品烘干时，样品在盒内的分布不超过 0.3g/cm²，这样可以保证在规定时间内样品中的水分能全部蒸发。盒与盖要有相同的标号，使用前，把样品盒预先在 130℃烘干 1h，并放在干燥器中冷却（为了检验是否达到恒重，有人建议重复两次，两次重复的重量差不超过 0.002g）。

任务三　水分测定操作

一、不需要预先烘干的种子水分测定标准程序

1. 适用种类

低恒温烘干法适用于各种作物种子，特别是油分含量高的作物种子，如葱属、花生、芸薹属、辣椒属、大豆、棉属、向日葵、亚麻、萝卜、蓖麻、芝麻、茄子等必须用此法烘干。该法必须在相对湿度 70％以下的室内进行，否则会影响其结果的准确性。

高恒温烘干法适合下列种子：芹菜、石刁柏、燕麦属、甜菜、西瓜、甜瓜属、南瓜属、胡萝卜、甜荞、苦荞、大麦、莴苣、番茄、苜蓿属、草木樨属、烟草、水稻、黍属、菜豆属、豌豆、鸦葱、黑麦、狗尾草属、高粱属、菠菜、小麦属、巢菜属和玉米。高温烘干法测定时，对检验室的空气湿度没有特别的要求。

2. 标准测定程序

① 打开烘箱使之预热至 140～145℃（高恒温烘干法）或 110～115℃（低恒温烘干法）。

② 安排好需要检测的样品，烘干干净铝盒，并准备好磨碎机附近的所有必要器具。

③ 检查磨碎机开关是否能操作，然后将开关处于关闭状态，打开磨碎机，检查内部是否清洁干净，如无问题，关闭磨碎机。

④ 将样品充分混合，方法一是用匙在罐内搅拌，方法二是将盛有样品罐的罐口与另一个大小相同的空罐的罐口对准，把种子在两个容器间往返倾倒四次。

⑤ 快速用勺或铲子（请不要直接用手触摸种子，以免把皮肤水分残留在种子表面）把

种子从玻璃瓶中取出，放入磨碎机的料斗中，然后开启磨碎机，徐徐拉开料斗抽板，不要堵塞。完成磨碎后关闭磨碎机电源。小粒种子可不进行处理，直接烘干。

低恒温烘干法中的花生、大豆、棉属、蓖麻大中粒种子烘干前必须磨碎或切成薄片。大豆种子采用粗磨，其磨碎细度要达到至少有 50% 的磨碎成分通过 4.0mm 筛孔。棉属、花生和蓖麻采用磨碎或切成薄片，其细度在 GB/T 3543.6—1995 中没有规定。

高恒温烘干法须要磨碎种子的种类是：燕麦属、水稻、甜荞、苦荞、黑麦、高粱属、小麦属、玉米、菜豆属、豌豆、西瓜、巢菜属。禾谷类的细度要求至少有 50% 的磨碎成分通过 0.5mm 筛孔的金属丝筛，而留在 1.0mm 筛孔的金属丝筛子上不超过 10%。豆类需要粗磨，要求至少有 50% 的磨碎成分通过 4.0mm 筛孔。

⑥ 快速从磨碎材料中取出三分之一样品，试样大小的重量要按照所用的样品盒直径大小来定，直径小于 8cm 取 4～5g，直径等于或大于 8cm 取 10g，放入预先称重的铝盒内，并盖好铝盖。

⑦ 记录样品或检测号、铝盒号、空盒和盖重量，填写在记录表内，如表 3-1 所示。

表 3-1　种子水分测定记载表

检测号	作物名称	盒号	盒重/g	烘前样品和盒重/g	烘前样品重/g	烘后样品和盒重/g	失重/g	水分/%	平均值/%

⑧ 倒掉已经磨碎的材料，打开磨碎机，用刷子把内部清理干净。也可用小型的真空清洁机进行清理。

⑨ 重复③～⑧步，得到独立的另一个重复样品。

> 特别提醒：这就是 GB/T 3543.6—1995 所指的两个独立试验样品，并不是从一次磨碎中取两个重复样品。

⑩ 重复③～⑨步，直到完成所有的样品磨碎。

⑪ 将所有的盛有样品的铝盒拿到天平室称重，保留三位小数，并填写记载表。

⑫ 这时烘箱已达到规定温度，把铝盒盖放在铝盒的底部，打开烘箱，快速将样品放入箱内上层，样品盒距温度计的水银球垂直距离约 2.5cm，保证铝盒水平分布，迅速关好烘箱门。

⑬ 等到烘箱温度计显示回升到规定的工作温度（10～15min）开始计时。高恒温烘干种类在 130～133℃ 保持 1h；低恒温烘干种类在 103℃±2℃ 保持 8h。烘干时间可用闹钟或其他计时工具提醒。

⑭ 烘干结束时，关闭烘箱，打开烘箱门，把铝盒盖盖好。盖盒盖可用手套，盖铝盒盖

应在烘箱内，以使样品不暴露在空气中。

⑮ 把铝盒放入干燥器中冷却至室温，30～45min 后称重（热样品在 30s 内可以从空气中吸收水分）。

⑯ 称重铝盒，保留三位小数，填入种子水分记载表。

⑰ 根据烘后失去的重量计算种子水分百分率，计算公式如下：

$$种子水分 = \frac{M_2 - M_3}{M_2 - M_1} \times 100\%$$

式中　M_1——样品盒和盖的重量，g；

　　　M_2——样品盒和盖的烘前重量，g；

　　　M_3——样品盒和盖的烘后重量，g。

⑱ 两次测定结果的容许差距不得超过 0.2%。如果超过，必须重新测定。最后填报结果保留一位小数。

⑲ 清洁所有仪器和用具。

二、高水分预先烘干法测定程序

禾谷类作物种子水分大于 18%，豆类和油料种子水分超过 16% 时，因为水分高，种子不易磨碎，故预先把种子初步烘干，然后进行磨碎，测定其水分百分率。

高水分预先烘干法的测定程序如下。

① 第一次测定称取两份种子样品各 25g±0.02g（精度接近 2mg），置于直径大于 8cm 的样品盒中，在 103℃±2℃ 烘箱中预烘 30min，油料作物种子在 70℃ 预烘 1h，种子摊成薄层（厚度不超过 2mm）。干燥后的材料在室内冷却 2h，然后称重。

② 第二次将已初步烘干的两份种子样品分别磨碎，分别从中称取两份种子样品，用低恒温或高恒温烘干法烘干、冷却、称重、计算百分率。

样品的原始水分可以从第一次（预先烘干）和第二次所得结果，按下列公式计算其百分率。

$$种子水分 = S_1 + S_2 - S_1 \times S_2$$

式中　S_1——第一次整粒种子烘干后失去的种子水分，%；

　　　S_2——第二次磨碎种子烘干后失去的种子水分，%。

【拓展学习】电子水分仪速测法测定水分

电子水分仪速测法是在迅速了解种子水分时使用的一种方法，尤其是在种子收购时使用得更多。目前世界各国和我国使用的电子水分速测仪主要有电容式水分速测仪、电阻式水分速测仪和微波式水分速测仪三种。

一、电容式水分速测仪

目前我国经常使用的电容式水分速测仪有美国帝强十三型水分仪，杭州工业仪器仪表厂生产的 DSR-1A 型电脑式水分仪，上海韵声电器厂生产的 KSS-Ⅰ、KSS-Ⅱ 便携式水分仪和日本 Kett 公司生产的量杯式水分仪等。这些水分速测仪具有体积小、质量轻、便于携带、使用简单、测量迅速等优点。

电容是表示导体容纳电量的物理量。电容器（传感器）的电容量跟组成它的导体大小、形状、两导体间相对位置以及两导体间的电介质有关。把电介质放进电场中，就出现电介质的极化现象，结果原有电场的电场强度被减弱。被减弱后的电场强度与原电场强度的比叫做电介质的介电常数。各种物质的介电常数不同，空气为 1.000585，种子干物质为 10，水为 81。当被测样品放入传感器中，电容量 C 的数值将取决于该样品的介电常数，而种子样品的介电常数主要随种子水分的高低而变化，所以通过测定传感器的电容量，就可间接地按样品容量与水分的对应关系，测定被测样品的水分。如果将传感器拉入一个高频振荡回路中，种子样品水分的变化通过传感器和振荡回路，就变为振荡频率的变化，再经混频器输出差频信号，然后经放大整形、门电路、计数译码，就可直接显示出种子样品水分百分率数值。

在实际测定中由于种子种类多，成分复杂，即使同一种种子由于形状、成熟度和混入的杂质不同，相同质量的种子在传感器中的密度也不同，这就会引起传感器中样品高度的变化和介电常数的变化，从而影响测定结果的准确性。要想准确测定不同作物、不同品种的种子水分，就应在测定前按作物和品种准备高、中、低三种不同水平的标准水分对仪器进行标定。在一定范围内种子水分表现为线性关系。如洋葱种子水分在 6％～10％ 时基本上呈线性关系，即电容量与种子水分呈线性关系，测定结果比较准确。但在 2％～6％ 或 10％～14％ 时并不是呈线性关系，则测定结果准确性较差。因此在配制标准水分样品时，其样品水分的差异不要相差悬殊太大。电容量还因温度变化而改变，但一般电容式水分仪装有热敏电阻补偿，对测定结果影响较小。所以一般认为电容式水分仪是较好的电子水分速测仪，现在全世界普遍使用。

如由杭州工业仪器仪表厂生产的 DSR 型电脑式水分仪，几经改进，采用微电脑储存计算 K、b 值公式和自动双温度补偿，大大简化了标定手续，提高了测定的准确性，是目前国内较好的电子水分速测仪。

1. DSR 型电脑式水分仪的技术指标如下。

① 适用种类：适用各种粮食、蔬菜和油料作物种子。

② 测量范围：5.0％～30.0％。

③ 测量误差：<±0.5％。

④ 测量重复误差：≤0.2％。

⑤ 温度自动双温度补偿：—10～40℃。

2. DSR 型电脑式水分仪的操作程序

(1) 直接测定法

① 将仪器放平，接通电源，按下开关，显示屏上出现"—"即通。

② 将原定标品种编号输入仪器，如 ＃02 品种水稻，把数字拨盘拨到 ＃02，按测试（MEA）键，则显示屏上显示"0—2"。

③ 将落料筒放在传感器上，然后将被测种子定量样品倒入落料筒，拉起落料筒内斗，种子则均匀落入传感器内，待 3～5s 后将显示水分百分率数值。

④ 倒出种子，重复 2～3 次，计算平均水分百分率数值。

（2）定标方法

① 定标前的准备工作，需要准备两个水分高低不同的标准样品，经 105℃ 烘箱法测得标准水分值。要注意两个样品的水分百分率数值差应小于 6.5%，其重量为 70～100g 之间的定量样品。

例如，水分值分别为 6.5%、11.8% 的样品，可任选品种序号。

② 按下电源键，显示屏上出现"—"后，将拨盘序号拨至品种序号♯02。

③ 按下定标键，显屏上显示"0—2"。

④ 倒入 80g 高水分样品 11.8%（或先倒入 80g 低水分样品 6.5% 均可），种子经过落料筒进入传感器后，立即取去落料筒。

⑤ 输入高水分值，即将拨盘拨至 11.8。

⑥ 倒出第一份样品（高水分），按下定标键，显示屏上显示 2（即等待倒入第二份样品）。

⑦ 将落料筒置于传感器上，倒入第二份样品（即低水分值 6.5% 的样品），提起落料筒内的种子进入传感器，输入低水分值，将拨盘拨至 6.5。

⑧ 将样品倒出，按下定标键后，显示屏上显示"E"（表示定标结束），然后将拨盘序号复原至♯02。就可检验未知样品的水分。

（3）注意事项

① 为了测试准确，在定标和测试时样品的重量必须绝对相等。

② 样品倒入落料筒内，每次提、拉落料的速度必须一致，切忌有快有慢。

③ 接通电源开关时显示出现 L，则表示电源（电池）电压偏低，应更换电池。

④ 用户在使用外接电源时，电池不必取出，仪器长期不使用时，将四节 5 号电池取出。

⑤ 在测试过程中若显示"∪∪∪"表示该序号未曾定过标。

二、电阻式水分速测仪

目前我国广泛应用的电阻式水分速测仪有日本 Kett L 型数字显示谷物水分测定仪，山东益都无线电厂生产的 TL-4 型钳式粮食水分测试仪，武汉无线电厂生产的 KLS-1 型粮食水分测试仪等。其结构原理和测定方法基本相同。

种子水分含量越高，导电性越强。从电学理论来讲，在一个闭合电路中，当电压不变时，则电流强度与电阻成反比。如果把种子作为电阻接入电路中，种子水分越低，电阻越大，电流强度越小。相反，则电流强度越大。因此种子水分与电流强度呈正相关的线性关系。这样，只要有不同水分的标准样品，就可在电表上刻出标准水分与电流量变化的对应关系，即把电表的刻度转换成相应水分的刻度，或者经电路转换，数码管显示，就可直接读出水分百分率。

种子水分与电流强度的关系在某一范围内并不是完全的直线关系，电表的刻度也是不均等的。并且由于每种种子内外部构造的差异，也会引起电流量的变化，因此各种种子的刻度线不同，或者转化为数码显示水分百分率不同。

电阻是随着温度的高低而变化，在不同温度条件下测定种子水分，就需进行温度校正。如 LSKC-4 型粮食水分测试仪是在 20℃ 下标定其表盘水分读数的。当测定温度高于 20℃ 时，每升高1℃，应减去0.1%水分，因为随着温度升高，电阻变小，电流变大。相反，当测定温度低于20℃时，每降低1℃，应加上0.1%水分，才能校正由于温度变化而引起的偏差。但目前先进水分仪，已采用热敏补偿方法来解决，已不需进行温度校正，如Kett L型数字显示谷物水分仪。据J. R. Hart等研究表明，这种仪器的种子水分与仪器读数没有良好的线性关系。因此认为，这种水分速测仪是不够理想的，但作为种子水分的粗略估计，仍然是有用的。因为其具有结构简单、价格低廉、测定方便等特点。

1. 凯特（Keet）谷物水分测定仪

如日本Kett电子实验室根据最新技术和长期经验而设计的新型电阻式谷物水分测定仪（Kett L型数字显示谷物水分测定仪），如图3-5所示。其内部装有微型计算器，可对样品和仪器温度进行自动补偿和感应调节，不需换算就可测水稻、小麦、大麦等5种作物的种子水分。

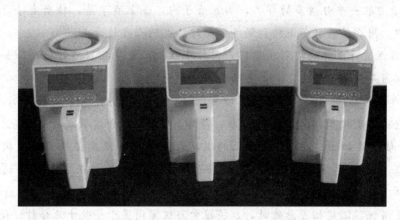

图3-5　Kett L型数字显示谷物水分测定仪

（1）仪器性能

① 测定原理：电阻。

② 显示方式：数字显示。

③ 应用和测量范围：米（糙米或精米）11.0%～20.0%，稻谷11.0%～30.0%，干燥机中稻谷11.0%～20.0%，大麦10.0%～30.0%，裸大麦10.0%～20.0%，小麦10.0%～30.0%。

④ 测定精确度：±0.1%。

⑤ 温度补偿：对偶自动补偿。

（2）仪器校正

① 先将四节5号电池装入仪器底部，用毛刷清理测量室和压碎手柄的压头，按下稻米（rice）和小麦（wheat）按钮，将校准测定器（tester）放入测量室，旋动压碎手柄的压头完全碰到"校准测定器"为止，按下测量钮，仪器读数为"15.0%"，即可测试。

② 测定前按下测量按钮，显示出"8888"数字，则表示仪器正常。

③ 按照欲测样品种类按下谷物按钮。

④ 用镊子形样品勺取一定数量种子，放入样品盘中摊成均匀一层，剔去霉烂和空秕粒，铺满一层。

⑤ 将样品放入测量室，旋转压碎手柄直至压头与样品种子良好接触为止。

⑥ 撤下测定按钮，显示出样品的水分百分率，但还应注意下列情况：当测定样品水分不到该仪器测定范围时，会显示出"∪"记号；当测定样品水分超过测定范围时，会显示出"∩"记号；仪器上共显示出2～4次，按下平均（AVE）按钮，求其平均值。

2. LSKC-4型粮食水分快速测试仪（电阻式）

（1）操作程序

① 准备：打开侧门取出附件，用毛刷将测量孔内上下电极、磨子滚轮和漏斗打扫干净，将压杆和摇把装入压杆轴和摇把轴，把盛料盘插入磨子漏斗孔内。

② 按下调整开关，拨动调整旋扭，使表头指针与右端末线重合，不能重合，应打开箱底电仓盖换电池，若换新电池后仍不能重合，应检查振荡线路和测量线路的故障。

③ 用定量勺取一平勺稍多的样品，倒入磨子内，合上磨子盖，转动磨子，被磨碎样品落入盛料盘内，用刷子将磨子滚轮和漏斗所粘样品也刷入盛料盘内。

④ 磨碎后迅速将盛料盘插到测量孔内，按下压杆，表头指针随即偏转，如粳稻就读粳稻刻度，该仪器是以第一次压下的读数为准。

⑤ 相同水分的样品，在不同温度下即可测量，温度较高时表头读数偏高，反之则低。因此，必须进行温度校正，以20℃为标准，每升高1℃，水分读数减去0.1%。反之，每降低1℃，水分读数就加上0.1%。仪器上的温度表刻度已将温度值改为温度校正值，其中"0"就是20℃，"0.5"就是15℃，"－0.5"就是25℃，例如在25℃测定的水分读数是14.5%，实际水分应为14.5－0.5＝14%。

粮食温度与仪器温度相差悬殊时，应将粮食与仪器同置于一处十几分钟，使粮食与仪器保持相同温度，测量才能准确。

⑥ 测量结束后，按下调整开关，拨动调整旋钮，仍使指针回到右端末线上。

⑦ 一般测定两次重复。

（2）注意事项

① 使用时样品温度与仪器温度应保持相同，两者温差只允许在3℃的范围。

② 样品的水分不均匀时，要特别注意取样的代表性和混合均匀，同时可多测几次（如3～5次）取其平均数。

③ 种子样品中的杂质，对测量结果有影响，应将其中的泥块、石子等杂质除去。

④ 仪器应防止受震动，保持清洁、干燥，以免损坏部件，影响测量的准确性能。

3. TL-4型粮食水分测定仪

（1）仪器调整

① 将钳式传感器的三芯轴头插入信号输入插孔"I"，再将选择"开"旋钮"5"拨至欲测品种位置，此时电源已经接通。

② 将旋钮"b"拨至"校正"，调整"校正"旋钮"7"，使仪表指针达满度。

③ 将旋钮"b"拨至"满度"，调整"满度"旋钮"8"，使仪表指针达满度。

④ 将旋钮"b"拨至"测量"，调整"零点"旋钮"9"，使仪表指针达零点（即起始线）。为了保证测量精度、满度和零点，最好反复调两次（调零点时，钳口之间不准有任何

物体接触，并保持清洁干净）。

（2）水分测量

① 将试样放人钳口的盛样盘内（试样数量以一平盘为准）。然后将钳柄卡紧，卡至定压销与其对面钳柄接触，观察仪表指针的水分值。

② 查看温度修正计所指示的修正值，然后将指针所指水分值加上或减去修正值，即为试样的实际水分值。

③ 重复2～3次，求其水分平均值。

④ 测试完毕后，将旋钮"5"拨至"关"，即关闭电源。

（3）注意事项

① 测小麦、稻谷、大米、谷子用橙色塑料柄，盛样盘较浅的钳子；测玉米用红色塑料钳柄，盛样盘较深的钳子。

② 传感器应保持清洁、干燥，用毕后仪器用外套包装好。

③ 仪器温度与种子（试样）温度，尽可能保持一致，应将杂质（石子、土块）清除后测试。

④ 试样的杂质对测试结果影响很大。

⑤ 测量范围：稻谷8.5%～20%，小麦9%～20%，玉米8%～18%，谷子9%～17%，大米8%～20%，高粱8%～17%。

【案例】玉米种子水分测定

［案例］某种子公司检验室有 A 玉米品种样品要进行水分测定，其样品重为104g，请你完成水分测定并做出报告。

操作程序：

（1）玉米种子必须磨碎，则需准备粉碎机、样品勺、样品盒、毛刷等备用品。

（2）检查烘箱是否达到所需的温度（130～133℃）。

（3）填写实验室工作卡片，填上样品编号、日期和样品来源等基本信息。

（4）清理粉碎机并起动，按玉米种子正确调节磨碎细度。

（5）打开样品袋，用样品勺将袋内样品混合均匀。

（6）从袋内不同部位取出3样勺种子，迅速放入粉碎机。

（7）封口样品袋。

（8）打开粉碎机，快速从磨碎材料中取出三分之一样品，试样的重量要按照所用的样品盒直径大小来定，直径小于8cm取4.5～5.0g，放入预先称重的铝盒内，并盖好铝盖。

（9）记录样品或检测号、铝盒号、空盒和盖重量，填写在记录表内，见表3-2。

表3-2　种子水分测定记载表

检测号	作物名称	盒号	盒重/g	烘前样品和盒重/g	烘前样品重/g	烘后样品和盒重/g	失重/g	水分/%	平均值/%
20131005	玉米	15	13.658	18.295	4.637	17.602	0.668	14.405	14.318
		17	11.368	16.153	4.785	15.468	0.681	14.232	

（10）倒掉已经磨碎的材料，打开磨碎机，用刷子把内部清理干净。

特别提醒：这就是 GB/T 3543.6—1995 所指的两个独立试验样品，并不是从一次磨碎中取两个重复样品。

（11）重复第（4）～（10）步，得到独立的另一个重复样品。

（12）将所有的盛有样品的铝盒拿到天平室，称重，保留三位小数，并填写记载表（表 3-2）。

（13）烘箱已达到规定温度，把铝盒盖放在铝盒的底部，打开烘箱，快速将样品放入箱内上层，样品盒距温度计的水银球垂直距离约 2.5cm 处，保证铝盒水平分布，迅速关好烘箱门。

（14）等到烘箱温度计显示回升到规定的工作温度 130～133℃保持 1h；烘干时间可用闹钟或其他计时器示意烘干时间完毕。

（15）烘干结束时，关闭烘箱，打开烘箱门，把铝盒盖盖好，在烘箱内用手套盖盒盖，样品不暴露在空气中。

（16）把铝盒放入干燥器中冷却至室温，30～45min 后称重。

特别提醒：热样品在 30s 内可以从空气中吸收水分。

（17）称重铝盒，保留三位小数，填入种子水分记载表（表 3-2）。

（18）根据烘后失去的重量计算种子水分百分率，计算公式如下：

$$种子水分（\%）=\frac{M_2-M_3}{M_2-M_1}\times100\%$$

式中　M_1——样品盒和盖的重量，g；

　　　M_2——样品盒和盖及样品烘干前重量，g；

　　　M_3——样品盒和盖及样品烘干后重量，g。

计算结果填入种子水分记载表（表 3-2）。

（19）从表 3-2 中可知两个样品之间差数为 0.173%，两次测定结果的容许差距小于 0.2%，结果报告按数学正常修约规则修约到一位小数。水分测定结果为 14.3%。

（20）清洁所有仪器和用具。

复习思考题

1. 种子水分测定的主要方法有哪些？各有什么优缺点？

2. 种子水分测定的标准测定方法（低恒温烘箱法）的基本程序是什么？该法适用的作物有哪些？

3. 课后完成水稻、葱种子样品的水分测定，并对结果进行正确报告，要求程序符合标准要求，结果报告规范正确。

课后作业　按规程要求完成玉米种子送验样品水分测定并完成下表。

玉米种子水分测定

组别：　　　检验人：　　　参加人：　　　　　　时间：　　年　月　日

一、种子水分含义：	
二、水分测定仪器设备：	
三、种子水分测定操作程序	（一）测定样品及仪器准备：
	（二）烘干前样品称取：
	（三）样品烘干：
	（四）烘干后样品称取：
	（五）计算：
	（六）结果报告：

项目四 净度分析

任务一 学习净度分析基本知识

种子净度分析是种子质量检验的必检项目，是衡量种子质量的四项重要指标之一。净度分析是准确地测定供检种子样品中各组分重量的百分率，并鉴定样品混合物的特性，从而达到用净度来衡量种子质量的清洁干净程度。优质种子应该是洁净，不含任何杂质和其他废品。若种子净度低，杂质多，就会对农业生产有很大的影响。一是影响作物的生长发育和产量，特别是检疫性杂草种子和病虫害危害更大。二是降低种子利用率。杂质多，用来播种的净种子就少，单位面积用种量就多，从而增加成本。三是影响种子贮藏和运输的安全。杂质多影响透气，易使种子变质。四是影响人畜健康。有毒的杂草混在种子中，人畜食用后能发生中毒现象。

净度分析的目的是测定供检样品不同成分的重量百分率和样品混合物特性，并据此推测种子批的组成。从样品中分离的净种子可做发芽试验和生活力等其他项目的检验。为了便于操作，将其他植物种子数目测定也归于净度分析中，主要测定种子批中是否含有有毒或有害种子，用供检样品中所含的其他植物种子数目表示。

种子净度分析的关键是区分样品中净种子、其他植物种子和无生命的杂质。

一、净种子

1. 净种子定义总则

净种子是指送验者所叙述的种（包括该种的全部植物学变种和栽培品种）或在检验时发现的主要种，符合国家或国际种子检验规程要求的种子单位或构造。具体标准如下。

（1）完整的种子单位 对于未损伤的种子单位，凡能明确地鉴别出它们属于所分析的种（已变成菌核、黑穗病孢子团或线虫瘿除外），即使是未成熟、瘦小、皱缩、带病或发过芽的种子单位都应作为净种子。

（2）大于原来大小一半的破损种子单位 对于有损伤的种子单位，需判断留下部分是否超过原来大小的一半，超过一半者归于净种子。如不能迅速作出这种判断，则将其列为净种子。（注：这里的比较是指该破损种子与该种子本身比较，不是该种子与破损种子群体平均大小比较）

根据上述原则，在个别的属或种中有一些例外。

① 豆科、十字花科，其种皮完全脱落的种子单位应列为杂质。

② 即使有胚芽和胚根的胚中轴及超过原来大小一半的附属种皮，豆科种子单位的分离子叶也列为杂质。

③ 甜菜属复胚种子超过一定大小的种子单位列为净种子。

④ 在燕麦属、高粱属中，附着的不育小花不需除去而列为净种子。

2. 主要作物净种子定义

主要作物净种子定义依据国家标准 GB/T 3543.3—1995（农作物种子检验规程 净度分析），叙述见表 4-1。

表 4-1 主要作物净种子定义

编号	属 名	净种子定义
1	菠菜属（*Spinacia*）、茼蒿属（*Chrysanthemum*）、大麻属（*Cannabis*）	(1)瘦果，但明显没有种子的除外； (2)超过原来大小一半的破损瘦果，但明显没有种子的除外； (3)果皮或种皮部分或全部脱落的种子； (4)超过原来大小一半，果皮或种皮部分或全部脱落的破损种子
2	荞麦属（*Fagopyrum*）、大黄属（*Rheum*）	(1)有或无花被的瘦果，但明显没有种子的除外； (2)超过原来大小一半的破损瘦果，但明显没有种子的除外； (3)果皮或种皮部分或全部脱落的种子； (4)超过原来大小一半，果皮或种皮部分或全部脱落的破损种子
3	向日葵属（*Helianthus*）、红花属（*Carthamus*）、莴苣属（*Lactuca*）、雅葱属（*Scorzonera*）、婆罗门参属（*Tragopogon*）	(1)有或无喙（冠毛或喙和冠毛）的瘦果（向日葵属仅指有或无冠毛），但明显没有种子的除外； (2)超过原来大小一半的破损瘦果，但明显没有种子除外； (3)果皮或种皮部分或全部脱落的种子； (4)超过原来大小一半，果皮或种皮部分或全部脱落的破损种子

编号	属　名	净种子定义
4	葱属(*Allium*)、苋属(*Amaranthus*)、花生属(*Arachis*)、石刁柏属(*Asparagus*)、黄芪属(紫云英属)(*Astragalus*)、冬瓜属(*Benincasa*)、芸薹属(*Brassica*)、木豆属(*Cajanus*)、刀豆属(*Canavalia*)、辣椒属(*Capsicum*)、西瓜属(*Citrullus*)、黄麻属(*Corchorus*)、猪屎豆属(*Crotalaria*)、甜瓜属(*Cucumis*)、南瓜属(*Cucubita*)、扁豆属(*Dolichos*)、大豆属(*Glycine*)、木槿属(*Hibiscus*)、甘薯属(*Ipomoea*)、葫芦属(*Lagenaria*)、亚麻属(*Linum*)、丝瓜属(*Luffa*)、番茄属(*Lycopersicon*)、苜蓿属(*Medicago*)、草木樨属(*Melilotus*)、苦瓜属(*Momordica*)、豆瓣菜属(*Nastartium*)、烟草属(*Nicotiana*)、菜豆属(*Phaseolus*)、酸浆属(*Physalis*)、豌豆属(*Pisum*)、马齿苋属(*Portulaca*)、萝卜属(*Raphanus*)、芝麻属(*Sesamum*)、田菁属(*Sesbania*)、茄属(*Solanum*)、巢菜属(*Vicia*)、豇豆属(*Vigna*)	(1)有或无种皮的种子； (2)超过原来大小一半，有或无种皮的破损种子； (3)豆科、十字花科，其种皮完全脱落的种子单位应列为杂质； (4)即使有胚中轴，超过原来大小一半以上的附属种皮，豆科种子单位的分离子叶也列为杂质
5	棉属(*Gossypium*)	(1)有或无种皮，有或无绒毛的种子； (2)超过原来大小一半，有或无种皮的破损种子
6	蓖麻属(*Ricimus*)	(1)有或无种皮，有或无种阜的种子； (2)超过原来大小一半，有或无种皮的破损种子
7	芹属(*Apium*)、芫荽属(*Coriandrum*)、胡萝卜属(*Daucus*)、茴香属(*Foeniculum*)、欧防风属(*Pastinaca*)、欧芹属(*Petroselinum*)、茴芹属(*Pimpinella*)	(1)有或无花梗的分果/分果爿，但明显没有种子的除外； (2)超过原来大小一半的破损分果爿，但明显没有种子的除外； (3)果皮部分或全部脱落的种子； (4)超过原来大小一半，果皮部分或全部脱落的破损种子
8	大麦属(*Hordeum*)	(1)有内外稃包着颖果的小花，当芒长超过小花长度时，须将芒除去； (2)超过原来大小一半，含有颖果的破损小花； (3)颖果； (4)超过原来大小一半的破损颖果
9	黍属(*Panicum*)、狗尾草属(*Setaria*)	(1)有颖片、内外稃包着颖果的小穗，并附有不孕外稃； (2)有内外稃包着颖果的小花； (3)颖果； (4)超过原来大小一半的破损颖果
10	稻属(*Oryza*)	(1)有颖片、内外稃包着颖果的小穗，当芒长超过小花长度时，须将芒除去； (2)有或无不孕外稃，有内外稃包着颖果的小花，当芒长超过小花长度时，须将芒除去； (3)有内外稃包着颖果的小花，当芒长超过小花长度时，须将芒除去； (4)颖果； (5)超过原来大小一半的破损颖果

续表

编号	属　名	净种子定义
11	玉米属(*Zea*)、小麦属(*Triticum*)、小黑麦属(*Triticosecale*)、黑麦属(*Secale*)	(1)颖果； (2)超过原来大小一半的破损颖果
12	燕麦属(*Avena*)	(1)有内外稃包着颖果的小穗,有或无芒,可附有不育小花； (2)有内外稃包着颖果的小花,有或无芒； (3)颖果； (4)超过原来大小一半的破损颖果
13	高粱属(*Sorghum*)	(1)有颖片、透明状的外稃或内稃(内外稃也可缺乏)外着颖果的小穗,有穗轴节片、花梗、芒,附有不育或可育小花； (2)有内外稃包着颖果的小花,有或无芒； (3)颖果； (4)超过原来大小一半的破损颖果
14	甜菜属(*Beta*)	(1)复胚种子:用筛孔为 1.5mm×20mm 的 200mm×300mm 的长方形筛子筛理 1min 后留在筛上的种球或破损种球(包括从种球突出程度不超过种球宽度的附着断柄),不管其中有无种子； (2)遗传单胚:种球或破损种球(包括从种球突出程度不超过种球宽度的附着断柄),但明显没有种子的除外； (3)果皮或种皮部分或全部脱落的种子； (4)超过原来大小一半,果皮或种皮部分或全部脱落的破损种子
15	薏苡属(*Coix*)	(1)包在珠状小总苞中的小穗(一个可育,两个不育)； (2)颖果； (3)超过原来大小一半的破损颖果
16	罗勒属(*Ocimum*)	(1)小坚果,但明显无种子的除外； (2)超过原来大小一半的破损小坚果,但明显无种子的除外； (3)果皮或种皮部分或完全脱落的种子； (4)超过原来大小一半,果皮或种皮部分或完全脱落的破损种子
17	番杏属(*Tetragonia*)	(1)包有花被的类似坚果的果实,但明显无种子的除外； (2)超过原来大小一半的破损果实,但明显无种子的除外； (3)果皮或种皮部分或完全脱落的种子； (4)超过原来大小一半,果皮或种皮部分或完全脱落的破损种子

二、其他植物种子

其他植物种子是指除净种子以外的任何植物种类的种子单位，包括杂草种子和异作物种子。

其他植物种子的鉴定原则如下。

（1）其他植物种子的鉴定原则与净种子的鉴定原则基本相同，但甜菜属的种子单位作为其他种子时不必筛选，可用遗传单胚的净种子定义。

（2）鸭茅、草地早熟禾、粗茎早熟禾不必经过吹风程序。

（3）复粒种子单位应先分离，然后将单粒种子单位分为净种子和无生命杂质。

（4）菟丝子属种子易碎，呈灰白至乳白色，列入无生命杂质。

三、杂质

杂质是指除净种子和其他植物种子外的种子单位和其他物质及构造。

进行检验时，杂质可能包括以下内容。

（1）明显不含真种子的种子单位。

（2）甜菜属复胚种子大小未达到净种子定义规定最低大小的种子单位。

（3）破裂或受损种子单位的碎片为原来大小的一半或不及一半的。

（4）按该种的净种子定义，不将这些附属物作为净种子部分或定义中尚未提及的附属物。

（5）种皮完全脱落的豆科、十字花科的种子。

（6）脆而易碎、呈灰白色、乳白色的菟丝子种子。

（7）脱下的不育小花、空的颖片、内外稃、稃壳、茎叶、球果鳞片、果翅、树皮碎片、花、线虫瘿、真菌体（如麦角、菌核、黑穗病孢子团）、泥土、砂粒、石砾及所有其他非种子物质。

任务二　净度分析仪器设备的使用

一、天平

天平主要是用于种子净度分析样品及各组分的称重，根据试验样品与组分重量大小选用不同感量的分析天平。根据种子净度分析要求应配备感量为 1.0g、0.1g、0.01g、0.001g 和 0.0001g 的电子分析天平（图 4-1）。电子天平能自动读数与去皮重，因此使用简便且快速，但价格较高。

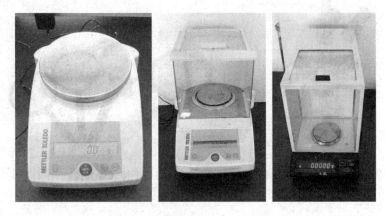

图 4-1　不同感量的电子分析天平

二、分样器（见项目二　种子扦样）

三、电动筛选器和套筛

电动筛选器（图 4-2）有与电动振荡（筛选）器配套使用的套筛，可将检验样品放入套筛再放在电动筛选器上，经固定后用来快速均匀地进行筛选，可节省人力。

套筛（图 4-3）由孔径不同的铝质或铜质筛子组成，不同筛子的孔径大小存在 0.2～1.0mm 的差异，用于不同种子的筛理和净度分析。一般套筛外径 220mm，每层套筛高度 50mm，每组套筛带有 1 个无筛孔的底层和 1 个上盖。使用时根据种子大小及形状选用不同的筛孔，大孔筛在上小孔筛在下，上面有盖，下面是筛底。可用人工也可用电动筛选器进行筛理。

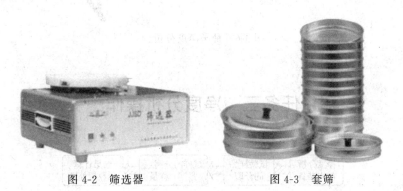

图 4-2　筛选器　　　　　　　　　　　　　图 4-3　套筛

四、双目体视显微镜和放大镜

双目体视显微镜（图 4-4）或放大镜主要用来观察较细小种子或种子中细小的其他植物种子及杂质。放大镜分手持式放大镜（图 4-5）与台式放大镜两种。

图 4-4　双目体视显微镜　　　　　图 4-5　手持式放大镜

五、种子净度分析台

种子净度分析台也叫种子净度观察台或净度工作台（图 4-6），与放大装置共同使用。观察台台面底部均带照明装置，便于观察、清选种子。中国杭州托普仪器有限公司生产的 TJD800、TJD900、TJD1300 系列种子净度台台面白光柔和、反射均匀，整体轻巧，可放置于桌面，用于放大被测物体，进行种子净度检验。通常也可用光滑水平木质、水泥或实心理化板实验台面代替种子净度分析台进行种子净度分析。

图 4-6　种子净度分析台

任务三　净度分析操作

一、净度分析前的准备

1. 送验样品的称重

首先将送验样品称重（图 4-7）并填写记录表，送验样品的最小重量在 GB/T 3543.2—

1995 表 1 中已作了明确规定。在大多数情况下，送验样品要超过单一净度分析量的 10 倍，如水稻送验样品为 400g，净度分析需要 40g。

图 4-7　送验样品称重

2. 重型混杂物的检验

与供检样品在大小或重量上有明显不同的如土块、石块或小粒种子中混有大粒种子等称为重型混杂物。这些混杂物数量少，重量较大，严重影响分析结果，因此，在净度分析前必须将重型混杂物捡出。挑出后这些重型混杂物称重（m），再将重型混杂物分为其他植物种子和杂质，并分别称重为 m_1 和 m_2（$m_1 + m_2 = m$）。

二、试验样品的分取

1. 试样重量规定

试验样品的大小至少有 2500 个种子单位的重量。各种作物种子的试样重量在 GB/T 3543.2—1995 表 1 中已做了规定。

2. 分取试样（或半试样）

用机械分样器或徒手分样法分取规定重量的试样一份或半试样（试样重量的一半）两份（图 4-8）。在分取试样时应遵守分样规则反复递减而成，在第一份试样（半试样）分出后，将所有剩余部分重新充分混匀后，再分取第二份试样（或半试样）。

3. 试验样品的称重

净度分析称量时需要天平，量程为 100.0000g 感量为 0.1mg 和量程为 2000g 感量为 0.01g 电子天平各一台，见图 4-9。

分出的试验样品需称重，以克表示，精确至表 4-2 所规定的小数位数，以满足计算各种成分百分率达到一位小数的要求。

图 4-8　分取试样

图 4-9　试验样品称重

表 4-2　称重与小数位数

（GB/T 3543.3—1995 农作物种子检验规程　净度分析）

试样或半试样及其成分重量/g	称重至下列小数位数	试样或半试样及其成分重量/g	称重至下列小数位数
1.0000 以下	4	100.0～999.9	1
1.000～9.999	3	1000 或 1000 以上	0
10.00～99.99	2		

三、试样的分离、鉴定、称量

1. 分离

试样称重后，根据净种子定义的标准，将试样必须分成净种子、其他植物种子和杂质三种成分（图 4-10）。

图 4-10　试样的分离

　　为了更好地将净种子与其他成分分开可借助筛子，一般选用筛孔适当的两层筛子并带筛底与筛盖进行分离（图4-11）。上层筛为大孔筛，筛孔大于分析的种子，用于分离较大成分；下层筛为小孔筛，用于分离细小物质。还可将盛放好样品、套好筛盖与筛底的套筛置于电动筛选器上进行筛选，筛选时间一般2min左右。落入筛底的主要有泥土、砂粒、碎屑及细小的其他植物种子等；留在上层筛内的有茎、叶、秕壳及较大的其他植物种子等；绝大多数试样留在小孔筛中，包括净种子和大小类似的其他成分。

图4-11　试样的筛理

2. 鉴定

　　筛理后，对各层筛上物进行分析。分析工作通常在玻璃面的净度分析桌上（下面垫有黑布或黑纸）进行，也可在净度分析工作台上进行。可配合使用放大镜、反光镜进行分析。

　　分析时将样品倒在分析桌上，利用镊子或小刮板按样品顺序逐粒观察鉴定。将净种子、其他植物种子、杂质分开，并分别存放在相应的容器内或小盘内。

　　分离时必须根据不同种子的明显特征，对样品中的各个种子单位进行仔细检查分析，并根据其形态特征、种子标本等加以鉴定。当不同植物种子之间区别困难或不可能区别时，则填报属名，该属的全部种子均为净种子，并附加说明。

　　种皮或果皮没有明显损伤的种子单位，不管是空瘪或充实，均作为净种子或其他植物种子。若种皮或果皮有损伤，检验员必须判断留下的种子单位部分是否超过原来大小的一半，如不能迅速地作出这种决定，则将种子单位列为净种子或其他植物种子。

3. 称量

　　分离后各成分分别称重，以克表示。填写在原始记录表上。

四、结果计算和数据处理

1. 核查分析过程的重量增失

　　不管是一份试样还是两份半试样，应将分离后的各种成分重量之和与原始重量进行比较，核对分析期间物质有无增减。若增加或减少的重量超过原始重量的5%，则必须重做，填报重做的结果。

2. 计算各种成分重量的百分率

对试样进行分析时，所有成分（即净种子、其他植物种子和杂质三部分）的重量百分率应计算到一位小数。对半试样进行分析时，应对每一份半试样所有成分分别进行计算，百分率至少保留到两位小数，并计算各成分的平均百分率（不必修约到 100.00%）。

> 请注意：不要把这里的小数位数与称重保留的小数位数相混淆。

计算各成分百分率时，必须以分析后各种成分重量之和为基数（分母）计算，而不是用试验样品的原始重量计算。

3. 检查重复分析间的误差

（1）两份半试样　如果分析两份半试样，分析后任一成分的百分率相差不得超过表4-3所示的重复分析间的容许差距。若所有成分的实际差距都在容许范围内，则计算每一成分的平均值。如实际差距超过容许范围，则按下列程序进行：①再重新分析成对样品，直到一对数值在容许范围内为止，但全部分析不必超过四对。②凡一对间的相差超过容许差距两倍时，均略去不计。③各种成分百分率的最后记录，应从全部保留的几对加权平均数计算。

表 4-3　同一实验室内同一送验样品净度分析的容许差距（5%显著水平的两尾测定）

（GB/T 3543.3—1995 农作物种子检验规程　净度分析）

两次分析结果平均/%		不同测定之间的容许差距/%			
		半 试 样		试 样	
50%以上	50%以下	无稃壳种子	有稃壳种子	无稃壳种子	有稃壳种子
99.95~100.00	0.00~0.04	0.20	0.23	0.1	0.2
99.90~99.94	0.05~0.09	0.33	0.34	0.2	0.2
99.85~99.89	0.10~0.14	0.40	0.42	0.3	0.3
99.80~99.84	0.15~0.19	0.47	0.49	0.3	0.4
99.75~99.79	0.20~0.24	0.51	0.55	0.4	0.4
99.70~99.74	0.25~0.29	0.55	0.59	0.4	0.4
99.65~99.69	0.30~0.34	0.61	0.65	0.4	0.5
99.60~99.64	0.35~0.39	0.65	0.69	0.5	0.5
99.55~99.59	0.40~0.44	0.68	0.74	0.5	0.5
99.50~99.54	0.45~0.49	0.72	0.76	0.5	0.5
99.40~99.49	0.50~0.59	0.76	0.80	0.5	0.6
99.30~99.39	0.60~0.69	0.83	0.89	0.6	0.6
99.20~99.29	0.70~0.79	0.89	0.95	0.6	0.7
99.10~99.19	0.80~0.89	0.95	1.00	0.7	0.7
99.00~99.09	0.90~0.99	1.00	1.06	0.7	0.8
98.75~98.99	1.00~1.24	1.07	1.15	0.8	0.8
98.50~98.74	1.25~1.49	1.19	1.26	0.8	0.9
98.25~98.49	1.50~1.74	1.29	1.37	0.9	1.0
98.00~98.24	1.75~1.99	1.37	1.47	1.0	1.0
97.75~97.99	2.00~2.24	1.44	1.54	1.0	1.1
97.50~97.74	2.25~2.49	1.53	1.63	1.1	1.2
97.25~97.49	2.50~2.74	1.60	1.70	1.1	1.2
97.00~97.24	2.75~2.99	1.67	1.78	1.2	1.3
96.50~96.99	3.00~3.49	1.77	1.88	1.3	1.3
96.00~96.49	3.50~3.99	1.88	1.99	1.3	1.4

续表

两次分析结果平均/%		不同测定之间的容许差距/%			
		半 试 样		试 样	
50%以上	50%以下	无稃壳种子	有稃壳种子	无稃壳种子	有稃壳种子
95.50~95.99	4.00~4.49	1.99	2.12	1.4	1.5
95.00~95.49	4.50~4.99	2.09	2.22	1.5	1.6
94.00~94.99	5.00~5.99	2.25	2.38	1.6	1.7
93.00~93.99	6.00~6.99	2.43	2.56	1.7	1.8
92.00~92.99	7.00~7.99	2.59	2.73	1.8	1.9
91.00~91.99	8.00~8.99	2.74	2.90	1.9	2.1
90.00~90.99	9.00~9.99	2.88	3.04	2.0	2.2
88.00~89.99	10.00~11.99	3.08	3.25	2.2	2.3
86.00~87.99	12.00~13.99	3.31	3.49	2.3	2.5
84.00~85.99	14.00~15.99	3.52	3.71	2.5	2.6
82.00~83.99	16.00~17.99	3.69	3.90	2.6	2.8
80.00~81.99	18.00~19.99	3.86	4.07	2.7	2.9
78.00~79.99	20.00~21.99	4.00	4.23	2.8	3.0
76.00~77.99	22.00~23.99	4.14	4.37	2.9	3.1
74.00~75.99	24.00~24.99	4.26	4.50	3.0	3.2
72.00~73.99	26.00~27.99	4.37	4.61	3.1	3.3
70.00~71.99	28.00~29.99	4.47	4.71	3.2	3.3
65.00~69.99	30.00~34.99	4.61	4.86	3.3	3.4
60.00~64.99	35.00~39.99	4.77	5.02	3.4	3.6
50.00~59.99	40.00~49.99	4.89	5.16	3.5	3.7

（2）两份或两份以上试样　如果在某种情况下有必要分析第二份试样时，那么两份试样各成分的实际差距不得超过表 4-3 中所示的容许差距。若所有成分都在容许范围内，则取其平均值；若超过，则再分析一份试样；若分析后的最高值和最低值差异没有大于容许误差两倍时，则填报三者的平均值。如果其中的一次或几次显然是由于差错造成的，那么该结果必须去除。

4. 最后结果的计算与数据的修约

净度分析的结果是加权平均值，最后结果是以净种子的各重复成分之和与分析后总重量之和相比而得，其他两种成分也是如此。

各种成分的最后填报结果应保留一位小数。

将净种子、其他植物种子和杂质三种成分相加，其和应为 100.0%，其中某一成分填报微量（小于 0.05%），应在计算中除外。如果其和不是 100.0%（99.9% 或 100.1%），那么结果从最大值（通常是净种子部分）中增加或减少 0.1%；如果修约值大于 0.1%，应检查计算有无错误。

有重型混杂物的净度计算如下。

净种子：
$$P_2(\%) = P_1 \times \frac{M-m}{M} \times 100\%$$

其他植物种子：
$$OS_2(\%) = OS_1 \times \frac{M-m}{M} + \frac{m_1}{M} \times 100\%$$

杂质：
$$I_2(\%)=I_1\times\frac{M-m}{M}+\frac{m_2}{M}\times100\%$$

式中　M——送验样品重量，g；

　　　m——重型混杂物的重量，g；

　　　m_1——重型混杂物中的其他植物种子重量，g；

　　　m_2——重型混杂物中的杂质重量，g；

　　　P_1——除去重型混杂物后的净种子重量百分率，%；

　　　I_1——除去重型混杂物后的杂质重量百分率，%；

　　　OS_1——除去重型混杂物后的其他植物种子重量百分率，%。

最后应检查：$P_2+I_2+OS_2=100.0\%$。

5. 填报结果

净度分析的结果应保留一位小数，三种成分的百分率总和必须为100%，成分小于0.05%的填报为"微量"，如果有一种成分的结果为零，须填"—0.0—"。

当测定某一类杂质或某一种其他植物种子的重量百分率达到或超过1%时，该种类应在结果报告单备注中注明。

净种子和其他植物种子的学名必须填写在结果报告记载表中。

同一或不同实验室内来自不同送验样品间净度分析的容许差距见表4-4；同一或不同实验室内进行第二次检验时，两个不同送验样品间净度分析的容许差距见表4-5；净度分析与标准规定值比较的容许差距见表4-6。

表4-4　同一或不同实验室内来自不同送验样品间净度分析的容许差距（1%显著水平的一尾测定）

（GB/T 3543.3—1995 农作物种子检验规程　净度分析）

两次结果平均/%		容许差距/%		两次结果平均/%		容许差距/%	
50%以上	50%以下	无稃壳种子	有稃壳种子	50%以上	50%以下	无稃壳种子	有稃壳种子
99.95～100.00	0.00～0.04	0.2	0.2	95.50～95.99	4.00～4.49	1.7	2.0
99.90～99.94	0.05～0.09	0.3	0.3	95.00～95.49	4.50～4.99	1.8	2.2
99.85～99.89	0.10～0.14	0.3	0.4	94.00～94.99	5.00～5.99	2.0	2.3
99.80～99.84	0.15～0.19	0.4	0.5	93.00～93.99	6.00～6.99	2.1	2.5
99.75～99.79	0.20～0.24	0.4	0.5	92.00～92.99	7.00～7.99	2.2	2.6
99.70～99.74	0.25～0.29	0.5	0.6	91.00～91.99	8.00～8.99	2.4	2.8
99.65～99.69	0.30～0.34	0.5	0.6	90.00～90.99	9.00～9.99	2.5	2.9
99.60～99.64	0.35～0.39	0.6	0.7	88.00～89.99	10.00～11.99	2.7	3.1
99.55～99.59	0.40～0.44	0.6	0.7	86.00～87.99	12.00～13.99	2.9	3.4
99.50～99.54	0.45～0.49	0.6	0.7	84.00～85.99	14.00～15.99	3.0	3.6
99.40～99.49	0.50～0.59	0.7	0.8	82.00～83.99	16.00～17.99	3.2	3.7
99.30～99.39	0.60～0.69	0.7	0.9	80.00～81.99	18.00～19.00	3.3	3.9
99.20～99.29	0.70～0.79	0.8	0.9	78.00～79.99	20.00～21.99	3.5	4.1
99.10～99.19	0.80～0.89	0.8	1.0	76.00～77.99	22.00～23.99	3.6	4.2
99.00～99.09	0.90～0.99	0.9	1.0	74.00～75.99	24.00～25.99	3.7	4.3
98.75～98.99	1.00～1.24	0.9	1.1	72.00～73.99	26.00～27.99	3.8	4.4
98.50～98.74	1.25～1.49	1.0	1.2	70.00～71.99	28.00～29.99	3.9	4.5
98.25～98.48	1.50～1.74	1.1	1.3	65.00～69.99	30.00～34.99	4.0	4.7
98.00～98.24	1.75～1.99	1.2	1.4	60.00～64.99	35.00～39.99	4.1	4.8
97.75～97.99	2.00～2.24	1.3	1.5	50.00～59.99	40.00～49.99	4.2	5.0
97.50～97.74	2.25～2.49	1.3	1.6				
97.25～97.49	2.50～2.74	1.4	1.6				
97.00～97.24	2.75～2.99	1.5	1.7				
96.50～96.99	3.00～3.49	1.5	1.8				
96.00～94.49	3.50～3.99	1.6	1.9				

表 4-5　同一或不同实验室内进行第二次检验时，两个不同送验样品间净度

分析的容许差距（1%显著水平的两尾测定）

（GB/T 3543.3——1995 农作物种子检验规程　净度分析）

两次结果平均/%		容许差距/%		两次结果平均/%		容许差距/%	
50%以上	50%以下	无稃壳种子	有稃壳种子	50%以上	50%以下	无稃壳种子	有稃壳种子
99.95~100.00	0.00~0.04	0.18	0.21	95.50~95.99	4.00~4.49	1.74	2.04
99.90~99.94	0.05~0.09	0.28	0.32	95.00~95.49	4.50~4.99	1.83	2.15
99.85~99.89	0.10~0.14	0.34	0.40	94.00~94.99	5.00~5.99	1.95	2.29
99.80~99.84	0.15~0.19	0.40	0.47	93.00~93.99	6.00~6.99	2.10	2.46
99.75~99.79	0.20~0.24	0.44	0.53	92.00~92.99	7.00~7.99	2.23	2.62
99.70~99.74	0.25~0.29	0.49	0.57	91.00~91.99	8.00~8.99	2.36	2.76
99.65~99.69	0.30~0.34	0.53	0.62	90.00~90.99	9.00~9.99	2.48	2.92
99.60~99.64	0.35~0.39	0.57	0.66	88.00~89.99	10.00~11.99	2.65	3.11
99.55~99.59	0.40~0.44	0.60	0.70	86.00~87.99	12.00~13.99	2.85	3.35
99.50~99.54	0.45~0.49	0.63	0.73	84.00~85.99	14.00~15.99	3.02	3.55
99.40~99.49	0.50~0.59	0.68	0.79	82.00~83.99	16.00~17.99	3.18	3.74
99.30~99.39	0.60~0.69	0.73	0.85	80.00~81.99	18.00~19.00	3.32	3.90
99.20~99.29	0.70~0.79	0.78	0.91	78.00~79.99	20.00~21.99	3.45	4.05
99.10~99.19	0.80~0.89	0.83	0.96	76.00~77.99	22.00~23.99	3.56	4.19
99.00~99.09	0.90~0.99	0.87	1.01	74.00~75.99	24.00~25.99	3.67	4.31
98.75~98.99	1.00~1.24	0.94	1.10	72.00~73.99	26.00~27.99	3.76	4.42
98.50~98.74	1.25~1.49	1.04	1.21	70.00~71.99	28.00~29.99	3.84	4.51
98.25~98.49	1.50~1.74	1.12	1.31	65.00~69.99	30.00~34.99	3.97	4.66
98.00~98.24	1.75~1.99	1.20	1.40	60.00~64.99	35.00~39.99	4.10	4.82
97.75~97.99	2.00~2.24	1.26	1.47	50.00~59.99	40.00~49.99	4.21	4.95
97.50~97.74	2.25~2.49	1.33	1.55				
97.25~97.49	2.50~2.74	1.39	1.63				
97.00~97.24	2.75~2.99	1.46	1.70				
96.50~96.99	3.00~3.49	1.54	1.80				
96.00~94.49	3.50~3.99	1.64	1.92				

6. 核查

在国外比较规范的种子检验室中，每一项目的检测都有另一位高级检验员核查。在 GB/T 3543—1995《农作物种子检验规程实施指南》中也列入了核查内容，希望种子检测中心建立核查制度，保证数据准确可靠。

净度分析的核查内容如下。

（1）送验样品和试样大小是否符合要求。

（2）各成分的称重、计算和百分率。

（3）其他植物种子的鉴别和学名拼写（负责净度分析的检验员完成净度分析后，将其他植物种子装入小袋子，并标明检测号，送另一名检验员核查种类和学名拼写）。

（4）是否根据送验客户、法规、标准等要求采取适宜的措施。

表 4-6　净度分析与标准规定值比较的容许差距（5％显著水平的一尾测定）

（GB/T 3543.3—1995 农作物种子检验规程　净度分析）

两次结果平均/%		容许差距/%		两次结果平均/%		容许差距/%	
50％以上	50％以下	无稃壳种子	有稃壳种子	50％以上	50％以下	无稃壳种子	有稃壳种子
99.95~100.00	0.00~0.04	0.10	0.11	95.50~95.99	4.00~4.49	0.87	1.02
99.90~99.94	0.05~0.09	0.14	0.16	95.00~95.49	4.50~4.99	0.90	1.07
99.85~99.89	0.10~0.14	0.18	0.21	94.00~94.99	5.00~5.99	0.97	1.15
99.80~99.84	0.15~0.19	0.21	0.24	93.00~93.99	6.00~6.99	1.05	1.23
99.75~99.79	0.20~0.24	0.23	0.27	92.00~92.99	7.00~7.99	1.12	1.31
99.70~99.74	0.25~0.29	0.25	0.30	91.00~91.99	8.00~8.99	1.18	1.39
99.65~99.69	0.30~0.34	0.27	0.32	90.00~90.99	9.00~9.99	1.24	1.46
99.60~99.64	0.35~0.39	0.29	0.34	88.00~89.99	10.00~11.99	1.33	1.56
99.55~99.59	0.40~0.44	0.30	0.35	86.00~87.99	12.00~13.99	1.43	1.67
99.50~99.54	0.45~0.49	0.32	0.38	84.00~85.99	14.00~15.99	1.51	1.78
99.40~99.49	0.50~0.59	0.34	0.41	82.00~83.99	16.00~17.99	1.59	1.87
99.30~99.39	0.60~0.69	0.37	0.44	80.00~81.99	18.00~19.00	1.66	1.95
99.20~99.29	0.70~0.79	0.40	0.47	78.00~79.99	20.00~21.99	1.73	2.03
99.10~99.19	0.80~0.89	0.42	0.50	76.00~77.99	22.00~23.99	1.78	2.10
99.00~99.09	0.90~0.99	0.44	0.52	74.00~75.99	24.00~25.99	1.84	2.16
98.75~98.99	1.00~1.24	0.48	0.57	72.00~73.99	26.00~27.99	1.83	2.21
98.50~98.74	1.25~1.49	0.52	0.62	70.00~71.99	28.00~29.99	1.92	2.26
98.25~98.49	1.50~1.74	0.57	0.67	65.00~69.99	30.00~34.99	1.99	2.33
98.00~98.24	1.75~1.99	0.61	0.72	60.00~64.99	35.00~39.99	2.05	2.41
97.75~97.99	2.00~2.24	0.63	0.75	50.00~59.99	40.00~49.99	2.11	2.48
97.50~97.74	2.25~2.49	0.67	0.79				
97.25~97.49	2.50~2.74	0.70	0.83				
97.00~97.24	2.75~2.99	0.73	0.86				
96.50~96.99	3.00~3.49	0.77	0.91				
96.00~94.49	3.50~3.99	0.82	0.97				

【拓展学习】

一、包衣种子的净度分析

包衣种子的净度分析可用不脱去包衣材料的种子和脱去包衣材料的种子两种方法进行分析。从严格意义说，一般不对丸化种子、包膜种子和种子带内的种子进行净度分析。也就是说，通常不采用脱去包衣材料的种子和在种子带上剥离种子进行净度分析，但是如果送验者提出要求或者是混合种子，则应脱去包衣材料，再进行净度分析。

（一）不脱去包衣材料的净度分析

1. 试样的分取

试样重量见 GB/T 3543.7—1995 表 3 和表 4。用分样器分取一份不少于 2500 粒种子的试样或两份这一重量一半的半试样，种子带为 100 粒。将试样或半试样称重，以 g 表示，小数位数达到 GB/T 3543.3—1995 中表 1 的要求。

2. 试样的分离和称重

种子带不需要进行分离，而丸化种子或包膜种子称重后则须按下列标准将丸化种子（或包膜种子）的试验样品分为净丸化种子（净包膜种子）、未丸化种子（未包膜种子）和杂质三种组分。

（1）净丸化种子（净包膜种子）标准

① 含有或不含有种子的完整丸化粒（包膜粒）。

② 丸化（包膜）物质面积覆盖占种子表面一半以上的破损丸化粒（包膜粒），但明显不是送验者所述的植物种子或不含有种子的除外。

（2）未丸化（未包膜）种子标准

① 任何植物种的未丸化（未包膜）种子。

② 可以看出其中含有一粒非送验者所述植物种的破损丸化（包膜）种子。

③ 可以看出其中含有送验者所述植物种，而它又未归于净丸化（包膜）种子中的破损丸化（包膜）种子。也就是说，丸化（包膜）物质面积覆盖占种子表面一半或一半以下的破损丸化粒（包膜粒）。

（3）杂质标准

① 已经脱落的丸化（包膜）物质。

② 明显没有种子的丸化（包膜）碎块。

③ 按 GB/T 3543.3—1995 附录 A 中 A2.3 规定列为杂质的任何其他物质。

这三种组分分离后，分别称重。

3. 结果计算和表示、报告

计算与填报净丸化粒（净包膜粒）、未丸化粒（未包膜粒）和杂质的重量百分率，程序同 GB/T 3543.3—1995 的内容。

（二）脱去包衣材料和种子带上剥离种子的净度分析

1. 脱去包衣材料

除去包衣种子的包衣材料的方法是采用洗涤法。将不少于 2500 颗丸化种子或包膜种子，置于细孔筛内，浸入水中振荡，使包衣材料沉于水中。筛孔大小规格为：上层用 1.0mm，下层用 0.5mm。丹麦种子检验站使用磁力搅拌器，美国采用 pH 为 8～8.4 的稀氢氧化钠溶液溶解，也能达到较好效果。

当要求对从种子带上剥离的种子进行分析时，应小心地将试样的制带材料与纸带分开和剥去。如果种子带材料为水溶性，则可将其湿润，直至种子分离出来。当在种子带内的种子是丸化种子或包膜种子时，则按上述的洗涤法去掉丸化或包膜材料。

2. 种子干燥、称重

脱去包衣材料后或从种子带中取出湿润的种子放在滤纸上干燥过夜，再放入干燥箱内干燥，按 GB/T 3543.6—1995 中的 5.3 条"高水分预先烘干法"干燥成半干试样，然后称取干燥后的种子重量。

3. 分离、鉴定和称重

按 GB/T 3543.3—1995 附录 A 中 A2.3 规定的标准进行净度分析，将种子试样分成净种子、其他植物种子和杂质三种组分，同时对样品中其他植物种的种类进行鉴定。分离后分别对各种组分称重，计算各种组分百分率。

4. 结果计算和表示、报告

计算与填报净种子、其他植物种子和杂质的重量百分率，程序同 GB/T 3543.3—1995 的内容。不考虑丸化、包膜材料、制带材料，只有在提出检测要求时，才考虑填报其百分率。

二、其他植物种子数目的测定

在前面种子净度分析中虽然有其他植物种子数目测定，但还存在某些缺陷。其他植物种子数目测定的目的是测定送验者所提出的其他植物种子的数目。在国际种子贸易中，主要是用于测定种子批中是否含有有毒或有害的种子。

其他植物种子数目测定程序如下。

1. 试验样品的称重

其他植物种子数目测定方法有完全检验、有限检验、简化检验。

完全检验是从整个试验样品中找出所有其他植物种子的测定方法。试验样品不得小于25000个种子单位的重量或表2-1所规定的重量。

有限检验是从整个试验样品中找出指定种的测定方法。

有限检验只限于从整个试验样品中找出送验者指定的其他植物种的种子。如送验者只要求检验是否存在指定的某个植物种，则检验时发现一粒或数粒种子即可结束。

简化检验是仅用规定试验样品的一部分（最少量为试样的1/5）对该种进行鉴定。如果送验者所指定的种难以鉴定时，可采用简化检验。简化检验的检验方法同完全检验。

2. 分析测定

根据送验者的要求进行分析鉴定，分析时可借助于放大镜、筛子和吹风机等器具，按其他植物种子的标准逐粒进行分析鉴定，取出试样中所有的其他植物种子，并数出每个种的种子数。当发现有的种子不能准确确定所属种时，允许鉴定到属。如果送验者只要求检验是否存在指定的某些种，只要发现一粒或数粒即可。

3. 结果计算

结果用实际测定样品中所发现的其他植物种子数目表示，但通常折算成单位重量样品（每1kg）所含的其他植物种子数目。

当要判断同一或不同实验室对同一批种子的两个测定值是否一致时，可查其他植物种子数目测定的容许差距表（表4-7、表4-8）。比较时先将两个测定值求平均数，再按平均数找到相应的容许差距。比较时，两个样品的重量应大体一致。

表 4-7　其他植物种子数目测定的容许差距（5%显著水平的两尾测定）
（GB/T 3543.3—1995 农作物种子检验规程　净度分析）

两次测定结果的平均值	容许差距	两次测定结果的平均值	容许差距	两次测定结果的平均值	容许差距	两次测定结果的平均值	容许差距
3	5	48～52	20	152～160	35	314～326	50
4	6	53～57	21	161～169	36	27～339	51
5～6	7	58～63	22	170～178	37	340～353	52
7～8	8	64～69	23	179～188	38	354～366	53
9～10	9	70～75	24	189～198	39	367～380	54
11～13	10	76～81	25	199～209	40	381～394	55
14～15	11	82～88	26	210～219	41	395～409	56
16～18	12	89～95	27	220～230	42	410～424	57
19～22	13	96～102	28	231～241	43	425～439	58
23～25	14	103～110	29	242～252	44	440～454	59
26～29	15	111～117	30	253～264	45	455～469	60
30～33	16	118～125	31	265～276	46	470～485	61
34～37	17	126～133	32	277～288	47	486～501	62
38～42	18	134～142	33	289～300	48	502～518	63
43～47	19	143～151	34	301～313	49	519～534	64

表 4-8 其他植物种子数目测定的容许差距（5%显著水平的一尾测定）

（GB/T 3543.3—1995 农作物种子检验规程 净度分析）

两次测定结果的平均值	容许差距	两次测定结果的平均值	容许差距	两次测定结果的平均值	容许差距	两次测定结果的平均值	容许差距
3～4	5	53～58	18	163～173	31	337～351	44
5～6	6	59～65	19	174～186	32	352～367	45
7～8	7	66～72	20	187～198	33	368～386	46
9～11	8	73～79	21	199～210	34	387～403	47
12～14	9	80～87	22	211～223	35	404～420	48
15～17	10	88～95	23	224～235	36	421～438	49
18～21	11	96～104	24	236～249	37	439～456	50
22～25	12	105～113	25	250～262	38	457～474	51
26～30	13	114～122	26	263～276	39	475～493	52
31～34	14	123～131	27	277～290	40	494～513	53
35～40	15	132～141	28	291～305	41	514～532	54
41～45	16	142～152	29	306～320	42	533～552	55
46～52	17	153～162	30	321～336	43		

4. 填报结果

其他植物种子数目测定应按表 4-9 填报测定种子的实际重量、该重量中找到和发现的各个种的种子数目及其这些种的学名，并注明采用的是完全检验、有限检验还是简化检验。

表 4-9 其他植物种子数目测定记载表

样品登记号	20091105001	作物名称	小麦（*Tuiticum aestivum*）	试样重量/g	1004
种类	学名	粒数	种类	学名	粒
1	黑麦（*Secale cereale* L.）	4	4	—	
2	燕麦（*Avena sativa*）	7	5		
3	—		6		
合计粒数	11 粒， 11 粒/kg				
检测方式	完全检验				

检验员：×××　　　　　　　　　　　　　　　　校核员：×××

5. 核查

其他植物种子数目测定的核查包括如下内容。

（1）送验样品和试样大小是否符合要求。

（2）计数是否准确。

（3）其他植物种子的鉴别和学名的拼写。

（4）是否根据送验客户、法规、标准等要求采取了适宜的措施。

【案例】水稻种子净度分析

[案例 1] 种子公司检验室有水稻送验样品 400g，需要净度分析，经分样后得到两份半试样：第一份半试样原始重量为 21.25g，经分析后，净种子重量为 20.85g，其他植物种子重量为 0.1200g，杂质重量为 0.2800g。第二份半试样重量为 19.86g，经分析后，净种子重量为 19.43g，其他植物种子重量为 0.1400g，杂质重量为 0.3100g。计算该水稻种子各成分的百分率，并填写报告单。

（1）首先核查分析前后各成分重量增减

第一份半试样：$\dfrac{21.25-(20.85+0.1200+0.2800)}{21.25}\times100\%=0(<5\%)$

符合要求，没有偏离原始重量的 5%。

第二份半试样：$\dfrac{19.86-(19.43+0.1400+0.3100)}{19.86}\times100\%=0.1\%(<5\%)$

也符合要求，没有偏离原始重量的 5%。

（2）计算各成分的重量百分率

① 第一份半试样各成分百分率

$$净种子=\dfrac{20.85}{20.85+0.1200+0.2800}\times100\%=98.12\%$$

$$杂质=\dfrac{0.2800}{20.85+0.1200+0.2800}\times100\%=1.32\%$$

$$其他植物种子=\dfrac{0.1200}{20.85+0.1200+0.2800}\times100\%=0.56\%$$

② 第二份半试样各成分百分率：

$$净种子=\dfrac{19.43}{19.43+0.1400+0.3100}\times100\%=97.73\%$$

$$杂质=\dfrac{0.3100}{19.43+0.1400+0.3100}\times100\%=1.56\%$$

$$其他植物种子=\dfrac{0.1400}{19.43+0.1400+0.3100}\times100\%=0.70\%$$

注：分母是净种子、其他植物种子及杂质三项之和。

（3）计算两份半试样各成分的平均百分率

$$净种子=\dfrac{98.12\%+97.73\%}{2}=97.93\%$$

$$杂质=\dfrac{1.32\%+1.56\%}{2}=1.44\%$$

$$其他植物种子=\dfrac{0.56\%+0.70\%}{2}=0.63\%$$

（4）检查重复间的误差

① 净种子：用平均百分率 97.93% 查 GB/T 3543.3—1995 表 2（本书表 4-3）中的 97.75%～97.99% 之间容许差距为 1.54%，注意水稻为有稃壳种子，分析采用半试样，而实际两份半试样差距为 98.12%－97.73%＝0.39%，则在容许差距范围之内，说明这次分析结果是正确的。

② 杂质：用平均百分率 1.44% 查 GB/T 3543.3—1995 表 2（本书表 4-3）中的 1.25%～1.49% 之间容许差距为 1.26%。注意水稻为有稃壳种子，分析采用半试样，而实际两份半试样差距为 1.56%－1.44%＝0.12%，则在容许差距范围之内，说明这次分析结果是正确的。

③ 其他植物种子：用平均百分率 0.63% 查 GB/T 3543.3—1995 表 2（本书表 4-3）中的

0.60％～0.69％之间容许差距为0.89％。注意水稻为有稃壳种子，分析采用半试样，而实际两份半试样差距为0.70％－0.56％＝0.14％，则在容许差距范围之内，说明这次分析结果是正确的。

（5）由于净度分析的最后填报结果为加权平均值，不是算术平均值，所以最后结果为：

$$净种子=\frac{20.85+19.43}{21.25+19.88}\times100\%=97.93\%$$

$$杂质=\frac{0.2800+0.3100}{21.25+19.88}\times100\%=1.43\%$$

$$其他植物种子=\frac{0.1200+0.1400}{21.25+19.88}\times100\%=0.63\%$$

（6）数值修约

由以上计算可知该水稻种子的净种子为97.93％，杂质为1.43％，其他植物种子为0.63％。净度分析数据最后结果保留一位小数修约为净种子为97.9％，杂质为1.4％，其他植物种子为0.6％。三项相加为99.9％最后修约结果为98.0％（97.9％＋0.1％），杂质为1.4％，其他植物种子为0.6％。

（7）填写净度分析结果报告（表4-10）

表4-10　净度分析结果记载表

样品登记号	2009110201	作物名称				水稻(*Oryza sativa*)			
试样与重复		试样重/g	净种子		其他植物种子		杂质		各成分之和/g
			重量/g	百分数/%	重量/g	百分数/%	重量/g	百分数/%	
全/半试样	1	21.25	20.85	98.12	0.1200	0.65	0.2800	1.32	21.25
	2	19.86	19.43	97.73	0.1400	0.70	0.3100	1.56	19.88
分析结果		净种子/%	98.0	其他植物种子/%		0.6	杂质/%		1.4
其他植物种子种类			其他作物种子： 杂草种子：						
杂质种类									

检验员：　　　　　　　　　　　　　　　　　　校核员：

（8）核查

① 送验样品400g和半试样重量符合GB/T 3543.2—1995《农作物种子检验规程　扦样》对样品要求。

② 各成分的称重、计算和百分率符合GB/T 3543.3—1995《农作物种子检验规程　净度分析》要求。

③ 其他植物种子的鉴别和学名拼写正确。

④ 根据送验客户、法规、标准等要求采取适宜的措施。

［案例2］某种子公司检验室有玉米种子送验样品1050g，需要净度分析，经分样后得到一份试样原始重量为903.5g；经分析后，净种子重量为897.5g，其他植物种子重量为1.375g，杂质重量为2.236g；计算该玉米种子各成分的百分率。并填写报告单。

（1）首先核查分析前后各成分重量增减

$$\frac{903.5-(897.5+1.375+2.236)}{903.5}\times100\%=0.26\%(<5\%)$$

符合要求，没有偏离原始重量的 5%。

（2）计算各成分重量的百分率

$$净种子=\frac{897.5}{897.5+1.375+2.236}\times100\%=99.6\%$$

$$杂质=\frac{2.236}{897.5+1.375+2.236}\times100\%=0.2\%$$

$$其他植物种子=\frac{1.375}{897.5+1.375+2.236}\times100\%=0.2\%$$

（3）数值修约

由以上计算可知，该玉米种子的净种子为 99.6%，杂质为 0.2%，其他植物种子为 0.2%，三项相加为 100.0%。最后修约结果为 96.6%，杂质为 0.2%，其他植物种子为 0.2%。

（4）填写净度分析结果报告（表 4-11）

表 4-11　净度分析结果记载表

样品登记号	2013110201	作物名称		玉米(Zea mays L.)				
试样与重复		试样重/g	净种子		其他植物种子		杂质		各成分重量/g
			重量/g	百分数/%	重量/g	百分数/%	重量/g	百分数/%	
全/半试样	1	903.5	897.5	99.6	1.375	0.2	2.236	0.2	901.1
	2								
分析结果		净种子/%	99.6	其他植物种子/%		0.2	杂质/%		0.2
其他植物种子种类		其他作物种子：杂草种子：							
杂质种类									

检验员：　　　　　　　　　　　　　　　　　　　　　　　　　　校核员：

［案例 3］某种子公司水稻种子批中含有其他植物种子，甲种子公司检验室测定 400g 种子样品中发现有稗草种子 94 粒，乙种子公司检验测定 400g 种子样品中发现有稗草种子 78 粒，请问这两个公司测定结果是否有显著差异。

首先计算两个测定结果的平均粒数：(94+78)÷2=86，查 GB/T 3543.3—1995《农作物种子检验规程》表 6（本书表 3-9）中平均粒数 86 的最大容许差距是 26，而这两个种子公司的检验结果的实际差距是 94-78=16，因此，这两个公司的检验结果没有显著差异。

复习思考题

1. 种子净度分析的目的、意义是什么？
2. 什么叫种子净度、种子净度分析、净种子、其他植物种子与杂质？
3. 课后完成水稻种子样品的净度分析，并对结果进行正确报告，要求程序符合标准要求，结果报告规范正确。

课后作业 按规程要求完成玉米种子送验样品净度分析并完成下表。

玉米种子净度分析

组别： 检验人： 参加人： 时间： 年 月 日

一、净种子：
其他植物种子：
杂质：

二、净度分析仪器设备：

三、种子净度分析程序	（一）净度分析前的准备：
	（二）试验样品的分取：
	（三）试样的分离、鉴定、称量：
	（四）结果计算和数据处理：

项目五 发芽试验

任务一 学习发芽试验基本知识

种子的发芽率是种子质量检验必检项目之一，也是判断种子质量的重要指标之一。发芽试验的目的是测定种子批的最大发芽潜力，据此可比较不同种子批的质量，也可估测田间播种价值。因此要采用正确的方法进行。

种子发芽试验对种子经营和农业生产具有极为重要的意义。种子发芽试验可为种子分级定价提供依据；可掌握种子贮藏期间种子发芽力的变化情况，保证种子安全贮藏；可有效地控制种子质量，防止劣质种子进入市场，给农业生产造成损失。

一、种子发芽试验的概念

1. 发芽

发芽是指在实验室内幼苗出现和生长达到一定阶段，其主要构造的状态表明，在田间的适宜条件下能否进一步生长成为正常的植株。

2. 发芽力

发芽力是指种子在适宜条件下发芽并长成正常植株的能力。通常用发芽势和发芽率表示。

3. 发芽势

发芽势是指在种子发芽试验初期（规定的条件下和日期内）长成的全部正常幼苗数占供检种子数的百分率。

4. 发芽率

发芽率是指在种子发芽试验末期（规定的条件下和日期内）长成的全部正常幼苗数占供检种子数的百分率。

5. 幼苗的主要构造

幼苗的主要构造因种而异。对幼苗继续生长成为正常植株必要的构造由根系、幼苗中轴（上胚轴、下胚轴或中胚轴）、子叶、顶芽、胚芽鞘等组成。

6. 正常幼苗

正常幼苗是指生长在良好的土壤，适宜的水分、温度和光照条件下，具有继续生长成为正常植株潜力的幼苗。

7. 不正常幼苗

不正常幼苗是指生长在良好的土壤，适宜的水分、温度和光照条件下，无继续生长成为正常植株潜力的幼苗。

8. 复胚单位

复胚单位是指能够产生一株以上幼苗的种子单位，如伞形科未分离的分果以及甜菜的种球等。

9. 未发芽的种子

未发芽的种子是指在规定的条件下试验时，在试验末期仍不能发芽的种子，包括硬实、新鲜未发芽种子、死种子和其他类型。

10. 新鲜未发芽种子

新鲜未发芽种子是指在发芽试验条件下，既非硬实，又不发芽，但保持清洁和坚硬，具有生长成为正常植株潜力的种子。

11. 硬实

硬实是指那些种皮不能透水的种子，如某些豆科植物的种子、紫云英种子等。

二、种子发芽过程与发芽条件

1. 种子萌发的过程

种子萌发涉及一系列的生理生化和形态上的变化，并受到周围环境条件的影响。根据这一规律，种子从吸水膨胀到长成幼苗的过程可分为四个阶段。

（1）吸胀阶段　吸胀是指种子吸水而体积膨胀的现象。吸胀是种子萌发的起始阶段。一般干燥种子的含水量在 $8\%\sim14\%$，种子中细胞内含物呈干燥的凝胶状态，各部分组织较坚实致密。当干燥种子与水分直接接触时，由于亲水胶体对水分的吸附，则很快吸水而使种子体积膨胀（硬实种子除外），直至细胞内部水分达到一定的饱和程度，细胞壁呈紧张状态，种子外部的保护组织趋于软化，才逐渐停止吸水。

种子吸胀作用并非活细胞的生命现象，只是亲水胶体吸水体积膨大的物理现象，没有生活力的死种子中的亲水胶体也能吸胀。在一些特殊情况下，有的活种子因种皮不透水反而不能吸水膨胀，如硬实种子。由此可见，不能仅仅根据吸胀与否来判断种子是否具有生活力。

种子吸胀能力的强弱，主要取决于种子的化学成分。高蛋白质种子其吸胀能力远大于高淀粉含量的种子，如豆类作物种子的吸水量接近或超过种子自身的干重，而禾谷类作物种子的吸水量一般约为种子干重的1/2。油质种子的吸水力则因含油量而异，在其他化学成分基本相近时，种子含油量越高，吸水力越弱。有些植物种子的外表有一薄层胶质，能使种子吸取大量水分，以供给内部生理的需要，如亚麻种子。

种子吸胀过程中，由于所有细胞的体积增大，对种子产生很大的膨压，可能致使种皮破裂。种子吸水达到一定量时吸胀的种子与气干状态下的体积之比，称为吸胀率。一般淀粉种子的吸胀率达到130%～140%，而豆类种子的吸胀率高达200%左右。

(2) 萌动阶段 萌动是种子萌发的第二阶段，指种子吸胀后，胚部细胞开始分裂、伸长，种胚的体积增大，胚根向外生长达一定程度而突破种皮的现象，在农业生产上俗称"露白"，表明胚部组织从种皮裂缝中开始显现出来。绝大多数植物种子萌动时，最先突破种皮的部分是胚根，因为胚根尖端正对发芽口，当种子吸胀时，水分通过发芽口进入胚部，胚根先吸收水分，最早开始活动。但当发芽环境水分过多时，则胚芽先出，因为胚根对缺氧的反应比较敏感，而胚芽对缺氧的敏感性较弱，也就是旱长根，湿长芽。

种子从吸胀到萌动所需的时间因植物种类而不同。在水分与温度适宜时，小麦种子和油菜种子只需要24h左右即可萌动；水稻种子和大豆种子则需经48h以上的时间；果树、林木种子常因种壳坚硬或透性不良，吸胀缓慢，种胚生长过程所需时间更长。

(3) 发芽 种子萌动后，种胚细胞开始或加速分裂、分化，生长速度明显加快。当种胚的各个组成部分生长发育成具备正常构造的幼苗时，就称为发芽。种子在发芽阶段，种胚的新陈代谢作用极其旺盛，呼吸强度最高，对环境条件非常敏感，如果供氧不足则易致缺氧呼吸，积累乙醇等有害物质，对种胚产生毒害致死。农作物种子如催芽不当或播种时存在覆土过厚、土壤板结等不良条件，常会发生这种情况，尤其是花生、大豆及棉花等大粒种子或低活力种子较常见。在播种后由于土质黏重、密度过大或覆土过深、雨后土壤板结，种子萌动会由于氧气供应不足，呼吸受阻，生长停滞，幼苗无力顶出土面，造成烂种和缺苗断垄现象。

(4) 幼苗的形态建成 种子发芽后，根据幼苗出土时子叶的状况，可分为子叶出土型幼苗和子叶留土型幼苗两类。

① 子叶出土型幼苗 双子叶植物中90%属子叶出土型，常见的有油菜、大豆、棉花、瓜类、烟草、向日葵、十字花科蔬菜、辣椒、茄子、番茄等；单子叶植物中只有葱、蒜、韭菜等少数种子发芽时形成子叶出土型幼苗。这类种子发芽时其下胚轴显著伸长，初期弯曲呈弧状，拱出土面后逐渐伸直，生长的胚脱离种皮（有些种子连带少量残余胚乳），子叶迅速展开，见光后逐渐转绿，开始进行光合作用，以后从两片子叶间的胚芽中长出真叶和主茎。

② 子叶留土型幼苗 大部分单子叶植物如禾本科，小部分双子叶植物如蚕豆、豌豆、小豆、茶籽等属这一类型。这类种子发芽时其上胚轴首先伸长露出土面，随即长出真叶成为幼苗的地上部分，子叶则留在土壤中，与种皮不脱离，直至内部贮藏的营养物质消耗殆尽，才萎缩解体。

花生、菜豆发芽时上、下胚轴都伸长，但下胚轴伸长较短，子叶能否出土取决于播种时覆土的深度。

2. 种子发芽的条件

种子发芽需要适宜的水分、温度、氧气和光照等条件。不同种类的种子由于起源和进化的生态环境不同，对发芽所要求的条件也有所差异。因此，只有根据不同种子的发芽生理特性，满足其最适宜的发芽条件，才能保证种子发芽和幼苗生长良好，获得正确可靠的发芽试验结果。

（1）水分 不同种类种子对水分的需求有差异。有些种子，如烟草、大豆、西瓜、大麦、菠菜、棉花等种子对水分较敏感，水分多则发芽差，甚至不发芽。对于这类种子，特别要注意利用稍低水分含量的纸床和砂床，既要满足发芽的水分需求，又要保证充足的氧气。

水分和通气要协调。水是种子发芽的首要条件。种子必须吸收足够的水分，才能使种子内部细胞修复与活化，酶活性增强，贮藏物质水解和转化，能量增加，细胞分裂生长。其外观表现为种子萌动和发芽。

种子发芽期间的需水量因植物种类而异。需水量通常以种子吸收的水分重量占种子重量的百分比来表示，一般粉质种子和油质种子的需水量较低，而蛋白质类种子的需水量较高。禾谷类作物种子的最低需水量为26%～60%，油料作物种子为40%～55%，而蛋白质含量高的豆类作物种子为83%～186%。因此，应根据作物种子的种类供应适宜的水分，因为水分太少会影响吸胀和萌发，水分过多则会影响通气而抑制发芽。

种子发芽试验要根据发芽床和种子特性决定发芽床的初次加水量。如用纸床，要使滤纸或发芽纸吸足水分后，沥去多余的水分即可；若用砂床，则按其饱和含水量的60%～80%加水（禾谷类等中小粒种子加水量为60%，豆类等大粒种子加水量为80%）；用土壤作发芽床，加水至手握土黏成团，放开后用手指轻轻一压就碎为宜。整个发芽试验期间，发芽床必须始终保持充分湿润，以满足种子萌发所必需的水分，但任何时候都不能使水分多到种子周围出现水膜，否则会限制通气。以后的加水应注意保持试验各重复间水分和湿度的一致性，尽可能避免使重复间和试验间差异增大。

发芽用水要求水质好，基本不含有机杂质或无机杂质，其pH应为6.0～7.5。

（2）温度 温度也是种子发芽的必要条件之一。种子发芽要求在一定的温度范围，不同植物种子萌发所需的温度范围不同。通常用最低、最高和最适温度来表示，称作种子发芽温度的三基点。最低温度和最高温度分别指种子至少有50%能正常发芽的最低、最高温度界限；最适温度是指种子能迅速萌发并达到最高发芽率所处的温度。在最低发芽温度条件下，种子能发芽，但十分缓慢，所需时间很长；在最高发芽温度条件下，酶活性受抑制，种子还能发芽，但容易产生畸形苗。因此，只有在最适宜的温度条件下，种子才能正常良好地发芽。

原产于热带的植物种子发芽温度普遍较原产于温带的植物种子高。一般喜温作物或夏季作物种子发芽的温度三基点分别是6～12℃、30～35℃和40℃，而耐寒作物或冬季作物种子发芽的温度三基点分别是0～4℃、20～25℃和40℃。两类作物的最低温度和最适温度都有明显差异，但大多数植物种子在15～30℃范围内均可良好发芽。

种子发芽试验要符合农作物种子检验规程规定的温度要求。发芽试验用的温度有恒温和变温两种。恒温是在整个发芽试验期间温度保持不变，如麦类、蚕豆的发芽温度为20℃；喜温作物发芽温度为25℃或30℃。变温是模拟种子发芽的自然环境，有利于氧气渗入种子内部，促进酶的活化，加速种子发芽。目前发芽试验常用的变温有20～30℃或15～25℃。当规定用变温时，保持低温16h，高温8h，一天为一个变温周期。非休眠种子可在3h内完成变温过程，如是休眠种子，则应在1h或更短时间内完成急剧变温，或定时将试验在两个设定温度的发芽箱内交换培养。

　　新收获的休眠种子对发芽温度要求特别严格，必须选用规程规定的几种恒温中的较低温度或变温。如洋葱种子发芽温度有 20℃ 和 15℃，则应选用 15℃；又如西瓜种子规定温度有 30℃、25℃ 或 20～30℃，则应选用 20～30℃ 变温或 25℃ 恒温。陈种子也以选用几种恒温中的较低温度或变温发芽为好。

　　发芽期间发芽箱、发芽室的温度应尽可能一致。发芽箱内的温度变幅不应超过 ±1℃。

　　（3）氧气　氧气是种子发芽不可缺少的条件。种子吸水后，各种酶开始活化，需要吸收氧气进行有氧呼吸，合成 ATP，促进生化代谢和物质转化，保证幼苗的物质与能量供应。只有氧气供应充足，才能确保种子良好发芽，长成正常幼苗。

　　不同种类的种子对氧气的需要量和敏感性是有差异的。一般来说，大豆、玉米、棉花、花生等旱生的大粒种子对氧气的需要量较多；水稻、紫云英等水生的小、中粒种子则对氧气的需要量较少。

　　幼苗的不同部位对氧气的需要量和敏感性也是有差异的。种子发芽时，胚根伸长比胚芽伸长对缺氧更为敏感。如果发芽床上水分多、氧气少，则可能只长芽不长根或芽长得快根长得慢。

　　在使用砂床和土壤床试验时，覆盖种子的砂或土壤不要压紧，保证种子周围有足够的空气。纸卷发芽应注意纸卷需疏松，应注意水分和通气的协调，防止水分过多在种子周围形成水膜，阻隔氧气进入种胚而影响发芽；过少，导致幼苗的不均衡生长。如种子发芽试验时，发芽容器空间太小且密封严，会因氧气耗尽而造成幼苗缺氧腐烂。

　　（4）光照　根据植物种子发芽对光反应的不同将其分为三类。

　　① 需光型种子　茼蒿、芹菜、烟草等种子（尤其是新收获的休眠种子）发芽时必须有红光或白炽光，才能促使光敏色素由钝化型转变为活化型。

　　② 厌光型种子　鸡冠花种子只有在黑暗条件下，其光敏色素才能达到发芽水平。

　　③ 对光不敏感型种子　大多数大田作物和蔬菜的种子在光照或黑暗条件下均能良好发芽。

　　大多数植物的种子可在光照或黑暗条件下发芽，但进行发芽试验时，最好采用光照。因为在光照条件下，可使幼苗发育良好，便于正确地鉴定幼苗。需光型种子的光照强度为 750～1250lx，如在变温条件下发芽，应在 8h 高温时段进行光照。

　　农作物种子发芽的技术规定见表 5-1。

表 5-1　农作物种子发芽的技术规定
（GB/T 3543.4—1995 农作物种子检验规程　发芽试验）

种（变种）名	学　　名	发芽床	温度/℃	初次计数天数/d	末次计数天数/d	附加说明,包括破除休眠的建议
1. 洋葱	*Allium cepa* L.	TP;BP;S	20;15	6	12	预先冷冻
2. 葱	*Allium fistulosum* L.	TP;BP;S	20;15	6	12	预先冷冻
3. 韭葱	*Allium porrum* L.	TP;BP;S	20;15	6	14	预先冷冻
4. 细香葱	*Allium schoenoprasum* L.	TP;BP;S	20;15	6	14	预先冷冻
5. 韭菜	*Allium tuberosum* Rottl. ex Spreng.	TP	20～30;20	6	14	预先冷冻
6. 苋菜	*Amaranthus tricolor* L.	TP	20～30;20	4～5	14	预先冷冻;KNO₃
7. 芹菜	*Apium graveolens* L.	TP	15～25;20;15	10	21	预先冷冻;KNO₃

续表

种(变种)名	学　名	发芽床	温度/℃	初次计数天数/d	末次计数天数/d	附加说明,包括破除休眠的建议
8. 根芹菜	*Apium graveolens* L. var. *rapaceum* DC	TP	15～25;20;15	10	21	预先冷冻;KNO₃
9. 花生	*Arachis hypogaea* L.	BP;S	20～30;25	5	10	去壳;预先加温(40℃)
10. 牛蒡	*Arctium lappa* L.	TP;BP	20～30;20	14	35	预先冷冻;四唑染色
11. 石刁柏	*Asparagus officinalis* L.	TP;BP;S	20～30;25	10	28	
12. 紫云英	*Astragalus sinicus* L.	TP;BP	20	6	12	机械去皮
13. 裸燕麦(莜麦)	*Avena nuda* L.	BP;S	20	5	10	预先加温(30～35℃)
14. 普通燕麦	*Avena sativa* L.	BP;S	20	5	10	预先冷冻;GA₃
15. 落葵	*Basella* spp. L.	TP;BP	30	10	28	预先洗涤;机械去皮
16. 冬瓜	*Benincasa hispida* (Thub.) Cogn.	TP;BP	20～30;30	7	14	
17. 节瓜	*Benincasa hispida* Cogn. var. *Chich-qua* How.	TP;BP	20～30;30	7	14	
18. 甜菜	*Beta vulgaris* L.	TP;BP;S	20～30;15～25;20	4	14	预先洗涤(复胚 2 h,单胚 4 h),再在 25℃下干燥后发芽
19. 叶甜菜	*Beta vulgaris var. cicla*	TP;BP;S	20～30;15～25;20	4	14	
20. 根甜菜	*Beta vulgaris var. rapacea*	TP;BP;S	20～30;15～25;20	4	14	
21. 白菜型油菜	*Brassica campestris* L.	TP	15～25;20	5	7	预先冷冻
22. 不结球白菜(包括白菜、乌塌菜、紫菜薹、薹菜、菜薹)	*Brassica campestris* L. ssp. *chinensis* (L.) Makino.	TP	15～25;20	5	7	预先冷冻
23. 芥菜型油菜	*Brassica juncea* Czern. et Coss.	TP	15～25;20	5	7	预先冷冻;KNO₃
24. 根用芥菜	*Brassica juncea* Coss. var. *megarrhiza* Tsen et Lee	TP	15～25;20	5	7	预先冷冻;GA₃
25. 叶用芥菜	*Brassica juncea* Coss. var. *foliosa* Bailey	TP	15～25;20	5	7	预先冷冻;GA₃;KNO₃
26. 茎用芥菜	*Brassica juncea* Coss. var. *tsatai* Mao	TP	15～25;20	5	7	预先冷冻;GA₃;KNO₃
27. 甘蓝型油菜	*Brassica napus* L. ssp. *pekinensis* (Lour.) Olsson	TP	15～25;20	5	7	预先冷冻
28. 芥蓝	*Brassica oleracea* L. var. *alboglabra* Bailey	TP	15～25;20	5	10	预先冷冻;KNO₃
29. 结球甘蓝	*Brassica oleracea* L. var. *capitata* L.	TP	15～25;20	5	10	预先冷冻;KNO₃
30. 球茎甘蓝(苤蓝)	*Brassica oleracea* L. var. *caulorapa* DC.	TP	15～25;20	5	10	预先冷冻;KNO₃
31. 花椰菜	*Brassica oleracea* L var. *botrytis* L.	TP	15～25;20	5	10	预先冷冻;KNO₃
32. 抱子甘蓝	*Brassica oleracea* L. var. *gemmifera* Zenk.	TP	15～25;20	5	10	预先冷冻;KNO₃
33. 青花菜	*Brassica oleracea* L var. *italica* Plench	TP	15～25;20	5	10	预先冷冻;KNO₃
34. 结球白菜	*Brassica campestris* L. ssp. *pekinensis* (Lour). Olsson	TP	15～25;20	5	7	预先冷冻;GA₃

续表

种（变种）名	学　　名	发芽床	温度/℃	初次计数天数/d	末次计数天数/d	附加说明,包括破除休眠的建议
35. 芜菁	*Brassica rapa* L.	TP	15～25;20	5	7	预先冷冻
36. 芜菁甘蓝	*Brassica napobrassica* Mill.	TP	15～25;20	5	14	预先冷冻;KNO₃
37. 木豆	*Cajanus cajan* (L.) Millsp.	BP;S	20～30;25	4	10	
38. 大刀豆	*Canavalia gladiata* (Jacq.) DC	BP;S	20	5	8	
39. 大麻	*Cannabis sativa* L.	TP;BP	20～30;20	3	7	
40. 辣椒	*Capsicum frutescens* L.	TP;BP;S	20～30;30	7	14	KNO₃
41. 甜椒	*Capsicum frutescens* var. *grossum*	TP;BP;S	20～30;30	7	14	KNO₃
42. 红花	*Carthamus tinctorius* L.	TP;BP;S	20～30;25	4	14	
43. 茼蒿	*Chrysanthemum coronarium* var. *spatium*	TP;BP	20～30;15	4～7	21	预先加温(40℃,4～6h)预先冷冻;光照
44. 西瓜	*Citrullus lanatus* (Thunb.) Matsum. et Nakai	BP;S	20～30;30;25	5	14	
45. 薏苡	*Coix lacryna-jobi* L.	BP	20～30	7～10	21	
46. 圆果黄麻	*Corchorus capsularis* L.	TP;BP	30	3	5	
47. 长果黄麻	*Corchorus olitorius* L.	TP;BP	30	3	5	
48. 芫荽	*Coriandrum sativum* L.	TP;BP	20～30;20	7	21	
49. 柽麻	*Crotalaria juncea* L.	BP;S	20～30	4	10	
50. 甜瓜	*Cucumis melo* L.	BP;S	20～30;25	4	8	
51. 越瓜	*Cucumis melo* L. var. *conomon* Makino	BP;S	20～30;25	4	8	
52. 菜瓜	*Cucumis melo* L. var. *flexuosus* Naud.	BP;S	20～30;25	4	8	
53. 黄瓜	*Cucumis sativus* L.	TP;BP;S	20～30;25	4	8	
54. 笋瓜(印度南瓜)	*Cucurbita maxima* Duch. ex Lam	BP;S	20～30;25	4	8	
55. 南瓜(中国南瓜)	*Cucurbita moschata* (Duchesne) Duchesne ex Poiret	BP;S	20～30;25	4	8	
56. 西葫芦(美洲南瓜)	*Cucurbita pepo* L.	BP;S	20～30;25	4	8	
57. 瓜尔豆	*Cyamopsis tetragonoloba* (L.) Taubert	BP	20～30	5	14	
58. 胡萝卜	*Daucus carota* L.	TP;BP	20～30;20	7	14	
59. 扁豆	*Dolichos lablab* L.	BP;S	20～30;20;25	4	10	
60. 龙爪稷	*Eleusine coracana* (L.) Gaertn.	TP	20～30	4	8	KNO₃
61. 甜荞	*Fagopyrum esculentum* Moench	TP;BP	20～30;20	4	7	
62. 苦荞	*Fagopyrum tataricum* (L.) Gaertn.	TP;BP	20～30;20	4	7	
63. 茴香	*Foeniculum vulgare* Miller	TP;BP;TS	20～30;20	7	14	
64. 大豆	*Glycine max* (L.) Merr.	BP;S	20～30;20	5	8	
65. 棉花	*Gossypium* spp.	BP;S	20～30;30;25	4	12	
66. 向日葵	*Helianthus annuus* L.	BP;S	20～30;25;20	4	10	预先冷冻;预先加温
67. 红麻	*Hibiscus cannabinus* L.	BP;S	20～30;25	4	8	

续表

种（变种）名	学　名	发芽床	温度/℃	初次计数天数/d	末次计数天数/d	附加说明，包括破除休眠的建议
68. 黄秋葵	*Hibiscus esculentus* L.	TP；BP；S	20～30	4	21	
69. 大麦	*Hordeum vulgare* L.	BP；S	20	4	7	预先加温（30～35℃）；
70. 蕹菜	*Ipomoea aquatica* Forsskal	BP；S	30	4	10	预先冷冻；GA₃
71. 莴苣	*Lactuca sativa* L.	TP；BP	20	4	7	预先冷冻
72. 瓠瓜	*Lagenaria siceraria*（Molina）Standley	BP；S	20～30	4	14	
73. 兵豆（小扁豆）	*Lens culinars* Medikus	BP；S	20	5	10	预先冷冻
74. 亚麻	*Linum usitatissimum* L.	TP；BP	20～30；20	3	7	预先冷冻
75. 棱角丝瓜	*Luffa acutangula*（L.）Roxb.	BP；S	30	4	14	
76. 普通丝瓜	*Luffa cylindrica*（L.）Roem.	BP；S	20～30；30	4	14	
77. 番茄	*Lycopersicon lycopersicum*（L.）Karsten	TP；BP；S	20～30；25	5	14	KNO₃
78. 金花菜	*Medicago polymorpha* L.	TP；BP	20	4	14	
79. 紫花苜蓿	*Medicago sativa* L.	TP；BP	20	4	10	预先冷冻
80. 白香草木樨	*Melilotus albus* Desr.	TP；BP	20	4	7	预先冷冻
81. 黄香草木樨	*Melilotus officinalis*（L.）Pallas	TP；BP	20	4	7	预先冷冻
82. 苦瓜	*Momordica charantia* L.	BP；S	20～30；30		14	
83. 豆瓣菜	*Nasturtium officinale* R. Br.	TP；BP	20～30		14	
84. 烟草	*Nicotiana tabacum* L.	TP	20～30	7	16	KNO₃
85. 罗勒	*Ocimum basilicum* L.	TP；BP	20～30；20	4	14	KNO₃
86. 稻	*Oryza sativa* L.	TP；BP；S	20～30；30	5	14	预先加温（50℃）；在水中或 HNO₃ 中浸渍 24h
87. 豆薯	*Pachyrhizus erosus*（L.）Urban	BP；S	20～30；30	7	14	
88. 黍（糜子）	*Panicum muliaceum* L.	TP；BP	20～30；25	3	7	
89. 美洲防风	*Pastinaca sativa* L.	TP；BP	20～30	6	28	
90. 香芹	*Petroselinum crispum*（Miller）Nyman ex A. W. Hill	TP；BP	20～30	10	28	
91. 多花菜豆	*Phaseolus multiflorus* Willd.	BP；S	20～30；20	5	9	
92. 利马豆（菜豆）	*Phaseolus lunatus* L.	BP；S	20～30；25；20	5	9	
93. 菜豆	*Phaseolus vulgaris* L.	BP；S	20～30；25；20	5	9	
94. 酸浆	*Physalis pubescens* L.	TP	20～30	7	28	KNO₃
95. 茴芹	*Pimpinella anisum* L.	TP；BP	20～30	7	21	
96. 豌豆	*Pisum sativum* L.	BP；S	20	5	8	
97. 马齿苋	*Portulaca oleracea* L.	TP；BP	20～30	5	14	预先冷冻
98. 四棱豆	*Psophocar pus tetragonolobus*（L.）DC.	BP；S	20～30；30	4	14	
99. 萝卜	*Raphanus sativus* L.	TP；BP；S	20～30；20	4	10	预先冷冻
100. 食用大黄	*Rheum rhaponticum* L.	TP；	20～30	7	21	
101. 蓖麻	*Ricinus communis* L.	BP；S	20～30	7	14	
102. 鸦葱	*Scorzonera his panica* L.	TP；BP；S	20～30；20	4	8	预先冷冻
103. 黑麦	*Secale cereale* L.	TP；BP；S	20	4	7	预先冷冻；GA₃
104. 佛手瓜	*Sechium edule*（Jacp.）Swartz	BP；S	20～30；20	5	10	
105. 芝麻	*Sesamum indicum* L.	TP	20～30	3	6	

种（变种）名	学　名	发芽床	温度/℃	初次计数天数/d	末次计数天数/d	附加说明，包括破除休眠的建议
106. 田菁	*Sesbania cannabina*（Retz.）Pers.	TP；BP	20～30；25	5	7	
107. 粟	*Setaria italica*（L.）Beauv.	TP；BP	20～30	4	10	
108. 茄子	*Solanum melongena* L.	TP；BP；S	20～30；30	7	14	
109. 高粱	*Sorghum bicolor*（L.）Moench	TP；BP	20～30；25	4	10	预先冷冻
110. 菠菜	*Spinacia oleracea* L.	TP；BP	15；10	7	21	预先冷冻
111. 黎豆	*Stizolobium* ssp.	BP；S	20～30；20	5	7	
112. 香杏	*Tetragonia tetragonioides*（Pallas）Kuntze	BP；S	20～30；20	7	35	除去果肉；预先洗涤
113. 婆罗门参	*Tragopogon porrifolius* L.	TP；BP	20	5	10	预先冷冻
114. 小黑麦	X *Triticosecale* Wittm.	TP；BP；S	20	4	8	预先冷冻；GA₃
115. 小麦	*Triticum aestivum* L.	TP；BP；S	20	4	8	预先加温（30～35℃）；预先冷冻；GA₃
116. 蚕豆	*Vicia faba* L.	BP；S	20	4	14	预先冷冻
117. 箭舌豌豆	*Vicia sativa* L.	BP；S	20	5	14	预先冷冻
118. 毛叶苕子	*Vicia villosa* Roth	BP；S	20	5	14	预先冷冻
119. 赤豆	*Vigna angularis*（Willd）Ohwi & Ohashi	BP；S	20～30	4	10	
120. 绿豆	*Vigna radiata*（L.）Wilczek	BP；S	20～30；25	5	7	
121. 饭豆	*Vigna umbellata*（Thunb.）Ohwi & Ohashi	BP；S	20～30；25	5	7	
122. 长豇豆	*Vigna unguiculata* W. ssp. *sesquipedalis*（L.）Verd.	BP；S	20～30；25	5	8	
123. 矮豇豆	*Vigna unguiculata* W. ssp. *unguiculata*（L.）Verd.	BP；S	20～30；25	5	8	
124. 玉米	*Zea mays* L.	BP；S	20～30；25；20	4	7	

注：TP—纸上，BP—纸间，S—砂中，TS—砂上。

任务二　种子发芽试验仪器设备的使用

一、发芽设备

发芽设备是能为种子发芽提供适宜温度、湿度和光照条件的设备。发芽设备应达到的要求是：温度控制可靠、准确、稳定，保温、保湿效果良好，调温调湿方便，不同部位温差小，通气良好，光照充足。

1. 发芽箱

（1）电热恒温发芽箱　这种发芽箱是目前中小型种子公司还在用的发芽箱，主要构造包括保温、加热和控温部分，如电热恒温培养箱、电热恒温恒湿培养箱等。这类发芽箱的保温部分为箱体。箱体外壳多采用优质钢板并施以静电粉末喷涂，内腔采用不锈钢板制造。箱体的隔热材料多采用聚氨酯发泡塑料，保温性强，加热部分多为电热丝，温度控制部分有的采用电接点水银导电表-继电器自动进行温度控制（也有的采用数显控温仪控制温度）。这类发芽箱使用方便，只需旋转磁性螺帽，将温度控制装置的温度指示块调节至发芽所需温度即可。优点是价钱低；缺点是温度控制不准确，特别是夏季没有降温功能。

（2）变温发芽箱　这种发芽箱箱体保温良好，设有加热系统和制冷装置，能根据种子发芽的技术要求来调节和控制温度上升、下降或变温。箱体后部装有鼓风机，能使箱内部温度保持均匀一致。箱内配有数层可调节盛放发芽样品的网架。箱的工作腔内装有荧光灯，可根据需要调节光照强度，满足样品发芽对光的需要。变温发芽箱的特点是微电脑全自动控制，可自动调节和控制所需变温和光照条件，还可控制变温的时间和温度转换，如在高温时段保持 8h，低温时段保持 16h。高温和低温可根据种子发芽技术要求在试验开始时预先设定。若不需要变温时，也可选择单路控制以保持恒温。这类发芽箱的温度控制范围在 5～50℃，是一类功能较完备的发芽箱。

如杭州钱江仪器设备有限公司设计制造的 ZGX 系列智能光照培养箱，采用微电脑控制技术，具有新型制冷、加温、循环通风系统，温度范围为 5～45℃，变温速率≤30min，光照强度≥3000～6500lx，技术标准符合 GB/T 3543.1～3543.7—1995《农作物种子检验规程》的要求。它具有试验程序任意设置，自动变时、变温、变光，自动精密测温、控温、均温，自动光照跟踪，自动时差纠正，延迟启动保护，超欠温示警和多重网络保护等功能，并带有温度显示窗口、操作简便、直观、安全可靠。

（3）光照发芽箱　这种发芽箱具有加温、供水和光照等多种功能，其基本结构与国际通用的耶可勃逊（Jacobsen）发芽装置相同。箱身为一个恒温水浴槽，其上配有玻璃盖用以保温、保湿。在水浴槽中下部装有一套浸入式电加热器。恒温控制由水银导电表和继电器来完成。水浴槽上面设有 1 块开有 32 个圆孔的金属板，每个孔上可放钟形罩或耶可勃逊发芽器。使用这种发芽箱，可避免在发芽试验期间因发芽床加水量不同而造成的试验误差，省时省力。

（4）智能人工气候培养箱（柜）（图 5-1）　该仪器由控制器、传感器、除湿器、加湿器、配电盘、吸湿盘、柜体等结构组成。采用微电脑控制技术，具有完善的加温、加湿、光照、灭菌、制冷和循环通风系统，在 24h 内人工模拟自然生态环境，并可以任意设定不同时间的温度及湿度，能够完全满足各类植物种子发芽所需的条件，是新一代较先进的种子发芽设备。

我国目前已设计和生产出多种类型的人工气候箱。例如，杭州钱江仪器设备有限公司设计制造的 ZRX 系列智能人工气候培养箱（柜），是人工模拟自然生态环境的新一代培养设备。采用微电脑控制技术，高科技新型一体化温湿度传感器，具有新型制冷、加温、加湿、循环通风系统，温度范围为 5～45℃，湿度范围为 50%～95%，光照强度≥3000～6500lx，变温、变湿速率≤30min，组合可调，采光均匀，自动更换新鲜空气，高效除湿，臭氧消毒，技术标准符合 GB/T 3543.1～3543.7—1995《农作物种子检验规程》的要求。具有发芽试验程序可任意设置，自动变时、变温、变光，自动精密测温、控温、均温，超声波自动测

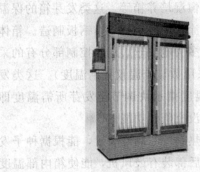

图 5-1 智能人工气候培养箱（柜）

图 5-2 人工气候室

湿、加湿、控湿，自动光照跟踪，自动时差纠正，延迟启动保护，超欠温示警和多重网络保护等功能，操作简便、直观、安全可靠。

2. 发芽室（人工气候室）

发芽室，又称人工气候室（图 5-2），是一种改进的大型发芽箱，由 1 个房间组成，墙壁和天花板是用保温隔热材料装修，室内装有加热、制冷、增湿、光照、通风和灭菌消毒设备，每间面积 12～15m²，室内设有多层搁架，用来放置发芽容器，工作人员可进入内部。

箱体通常采用金属绝热夹心板制作，强度高，保温性好，轻便耐用。室内装有发热、发光、加温、加湿、通风、降温、灭菌消毒、制冷等装置，能模拟自然界的各种气象条件，能按照种子检验规程发芽试验要求精确控制室内的温度、湿度、光照等，复现各种气候环境。采用微电脑控制技术，具有控温准确、降温和升温快、保温和保湿好等特点，可以任意设定温度、湿度及时间（光照），可自动循环模拟白天（有光照）高温、黑夜（无光照）低温以及人工恒温、恒湿、光照等条件。温度控制范围为 0～50℃，湿度控制范围为 50%～95%，照度控制采用国际名牌植物生长灯，使植物能达到最佳的光合作用效果，可控范围为 0～10000lx，照度变化可任意编程设定。能根据各种种子发芽试验规定的条件，任意设置试验程序和条件，同时进行大量种子样品的发芽试验。我国上海、山东、浙江、辽宁等多个省市级种子检验站和种子企业检验室建有发芽室。是目前最先进的种子发芽装置。

3. 数种设备

为了确保种子合理置床和提高工作效率，通常使用数种设备，国内常见的数种设备有真空数种器和活动数种板两种。

（1）真空数种器　真空数种器（图 5-3、图 5-4）通常由真空系统、数种盘或数种头（有 50 个或 100 个孔）、真空的排放阀门、连接皮管等主要部分构成。数种头有圆形、方形和长方形，其形状和大小刚好与所用的培养皿或发芽盒的形状和大小相适应。面板按种子检验规程要求的重复或副重复的数量，钻有 100 个、50 个或 25 个数种孔，其孔径大小也与种子类型相适应。该设备具有技术先进、适用范围广、噪声低、结构合理、操作方便等特点，可根据不同的种子类型选用适合的数种盘，调节合适的吸力，适用于大多数农、林、牧和蔬菜种子，数粒方便、准确、快速，并能直接置床，能显著地提高工作效率。

真空数种器使用方便，可达到数种和置床两个目的，主要适用于中、小粒种子的数种和置床工作，其置床的使用方法如下。

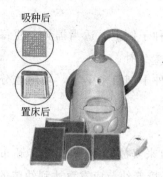

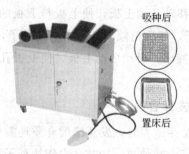

图 5-3　真空数种器　　　　　　　　　　图 5-4　真空数种置床装置

① 挑选与欲数取种子相适应的数种头，清理数种孔，使所有的孔口通气，然后调节球阀，使真空吸力恰好使每个孔能吸住 1 粒种子。

② 准备好发芽床，调节好适宜的水分。

③ 接上电源，打开真空泵和阀门开关，左手握住数种头，数种孔朝上，右手将足够多的种子撒在数种头上，稍加摇动，使每个数种孔刚好吸住 1 粒种子，然后将数种头缺口一边倾斜把多余的种子倒回盛种盘里，并进行核对，数种盘上每个孔都应各吸 1 粒种子，若不足则补齐，超过则去掉。

④ 置床，将数种盘翻转放在准备好的湿润发芽床上，解除真空状态，种子便按一定位置落在发芽床上。

ZL-2000D 型真空数粒仪（吸种器），主要由机身、吸管、吸头三部分组成。机身下部内置高速抽真空轴流风机，吸力大，噪声低；机身中部内置污物隔离袋，打开盖子可方便地清除吸进机身的杂物和水分；机身外部置有四位控制按键开关，可根据种子颗粒大小选择吸力。延伸吸管一头连接的插入式手柄上设有放气开关，可使种子快速平稳地落下。它配有 5 个吸种头，其大小规格与新型种子培养皿配合，可满足不同种子发芽试验的需要。真空数种器是世界各国种子检验室广泛用于种子发芽试验过程中的数种设备。

(2) 活动数种板　活动数种板（图 5-5）主要用于玉米、大豆、豌豆、菜豆等大粒种子的数粒和置床工作。其大小和形状接近于放置种子的发芽床的大小和形状。数种板由上下两块开孔薄板和框架构成，上层有 50 个或 25 个孔的固定板，孔的形状和孔径大小根据种子的形状和大小设计。在其构造上配有边框，以防种子四面散落，并在一边开有缺口以使多余的种子落下。固定下板装有滑动槽，以固定活动上板。

图 5-5　活动数种板

图 5-6　种子发芽盒

数种板的使用方法如下。

① 使用时，挑选与欲数种子类型相适应的数种板。

②　准备好发芽床，调节好适宜的水分。

③　移动活动上板，使上板与下板的数种孔错开，将种子倒上，适当摇晃，使每孔恰好1粒种子，然后稍倾斜，倒去多余种子，并进行核查，多去少补。

④　置床，滑动活动上板，使上板孔与下板孔对齐，种子则自动落下，均匀地分布在发芽床上。

4. 发芽容器

在发芽试验时，发芽床的介质还需要用一定的培养皿来安放。我国1995年颁布的GB/T 3543.1～3543.7—1995《农作物种子检验规程》要求，培养幼苗应发育达到幼苗的主要构造能清楚鉴定的阶段，以便鉴定正常幼苗和不正常幼苗。因此，发芽容器应透明、保湿、无毒，并具有一定的种子发芽和发育空间，确保幼苗充分发育和充足的氧气供应。

(1) 发芽盒（图5-6）　根据发芽试验对发芽容器的要求，我国已成功引进和研制了PH和PL两种系列的透明塑料发芽盒。这种发芽盒采用进口材料生产，无毒性，坚固耐用，耐高温，表面光洁度好，其透光性、保湿性及空气留置量均能满足各种种子发芽和幼苗生长的需要，广泛用于农业、林木、牧草、蔬菜、花卉等种子发芽试验。

(2) 发芽皿　常用的发芽皿是玻璃培养皿，根据种子的大小可选择直径9cm、12cm和15cm的发芽皿。发芽皿使用前应洗净。

二、发芽床

发芽床是用来安放种子并供给种子水分和支撑幼苗生长的衬垫物。种子检验规程规定常用的发芽床有纸床、砂床，土壤床不宜作为初次试验的发芽床。发芽床应具有良好的保水供水性能，通气性好，无毒质、无病菌，有一定强度等。湿润发芽床的水质应纯净，不含有机杂质和无机杂质，无毒无害，pH在6.0～7.5。

1. 纸床

纸床是发芽试验中应用最多的一类发芽床。供作发芽床的纸类主要有专用发芽纸、滤纸、纸巾等。国外有专供种子发芽试验用的发芽纸，规格多种多样。一般发芽试验对纸床的要求如下。

(1) 持水力强　吸水性良好的纸，首先要吸水快（可将纸条下端浸入水中，在2min内上升30mm或以上者为好），并且持水力强，具有足够的保水能力，可不断为种子发芽供应水分。

(2) 无毒质　用作发芽床的纸张必须无酸碱、染料、油墨及其他对种子发芽有害的化学物质。纸张pH为6.0～7.5。发芽试验前要对纸张进行毒性测定，检测纸张是否存在毒质的方法是利用梯牧草、红顶草、弯叶画眉草、紫羊茅和独行菜等种子发芽时对纸中有毒物质敏感的特性，进行发芽试验，然后依据幼苗根的生长情况进行鉴定。若出现根生长受抑制，根缩短，根尖变色或根从纸上翘起，并且根毛成束或胚芽鞘扁平缩短等症状，则表示该纸含有有毒物质，不宜用作发芽床。

(3) 无病菌　所用纸张必须清洁干净，无病菌污染；否则，因纸上带有真菌或细菌会引起病菌滋长而影响种子发芽的结果。

（4）纸质韧性好　用作发芽床的纸张既应具有多孔性和通气性，又要具有足够的强度，以免吸水时糊化和破碎，或在操作时被撕破，幼根也不会穿入纸内，以便于正确鉴定幼苗。

为了保证纸张清洁无菌，纸张应适当包装并贮藏在干燥凉爽的环境中。

发芽试验时的纸床常用方法如下。

（1）纸上（简称 TP）　纸上（图 5-7）是指将种子放在一层或多层纸上发芽，具体操作如下。

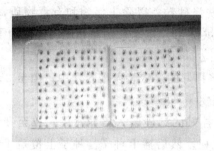

图 5-7　纸上　　　　　　　　　　　　　　　　　图 5-8　褶裥纸

① 在发芽盒或培养皿里垫上两层发芽纸（或滤纸）。发芽纸要充分吸湿，沥去多余水分。盖上培养皿盖或发芽盒盖，然后放在发芽箱或发芽室内进行发芽试验。

② 直接放在发芽箱的盘上，发芽箱内的相对湿度接近饱和，以防干燥。

③ 放在耶可勃逊发芽器的发芽盘上。这种发芽器配有放置种子滤纸床的发芽盘，用灯芯通过发芽盘的缝隙或小孔，伸入下面的水浴槽，以保持发芽床经常湿润。为防止水分蒸发，每个发芽床上盖上一个钟形罩，罩顶部有一小孔，可以通气而不致过分蒸发。温度可以用水浴加热。

（2）纸间（简称 BP）　纸间是指将种子放在两层纸中间发芽。发芽床应放在密闭的盒子或筒内，盖上盒盖或用塑料袋包好放在发芽箱或发芽室内。可采用以下三种方法。

① 另外用一层滤纸松松地盖在种子上。

② 把种子放在折好的纸封里，可平放或竖放。

③ 把种子放在纸卷里竖放在筒里进行培养。纸卷的做法是先裁好 36cm×28cm 大小的纸巾或滤纸，编号并预湿，拧干、平铺在工作台上，然后播上 100 粒种子或 50 粒种子，均匀地摆放在湿润的发芽纸上，再用另一张同样大小的湿润发芽纸覆盖在种子上，左边折起 2cm 宽，后卷成松卷，两端用橡皮筋套住，竖放在有机玻璃盒内，套上透明塑料袋保湿，放在规定条件下培养。有些种子可用短纸卷（如胡萝卜）效果也不错。

（3）褶裥纸（简称 PP）　褶裥纸（图 5-8，彩图见插页）是类似手风琴的具有 50 个褶裥的纸条。通常每个褶裥放 2 粒种子，或者具有 10 个褶裥，每个褶裥放 5 粒种子。将褶裥纸放在盒内或直接放在"湿型"发芽箱内，并用一条宽阔的纸条包在褶裥纸的周围，以保证均匀的湿度。规程中规定使用 TP 或 BP 法进行发芽的可用此种方法代替，而且这种方法特别适用于多胚结构的种子，如甜菜和伞形科的未分离的分果。

2. 砂床

砂床是种子发芽试验中较为常用的一类发芽床。一般加水量为其饱和含水量的60%～

80%。当由于纸床污染，对已有病菌的种子样品鉴定困难时，可用砂床替代纸床。砂床还可用于幼苗鉴定有困难时的重新试验。种子样品发芽所用的砂子经化学药品处理后，不再重复使用。

（1）对砂粒的要求

① 应选用无任何化学药物污染的细砂或清水砂为材料，砂的 pH 在 6.0～7.5 范围内。

② 通过过筛选择大小均匀，直径为 0.05～0.80mm 的砂粒。这样大小的砂粒既具有足够的持水力，又可保持一定的孔隙，有利于通气。

③ 使用前必须进行洗涤和高温消毒。用清水洗涤砂粒，以除去污物和有毒物质，将洗过的湿砂放在铁盘内摊薄，在高温（约 160℃）下烘干 2h，以杀死病菌和砂内其他种子。

（2）砂床的使用方法

① 砂上（简称 TS）　适用于小、中粒种子。将拌好的湿砂装入培养盒中，摊至 2～3cm 厚，再将种子压入砂表层，与砂表面持平，即砂上发芽。

② 砂中（简称 S）　适用于中、大粒种子。将拌好的湿砂装入培养盒中，摊至 2～4cm 厚，为了保证通气良好，最好在播种前将底层砂耙松，然后播上种子。种子上覆盖 1～2cm 厚（盖砂的厚度根据种子的大小确定）的松散湿砂，以防翘根。

3. 土壤床

如有特殊需要，可用土壤作为发芽床。发芽试验所用土壤的土质必须疏松良好、不结块，无大颗粒（如土质黏重应加入适量的砂），土壤中基本不含混入的种子、细菌、真菌、线虫或有毒物质，持水力强，pH 为 6.0～7.5。使用前，必须经过消毒，一般不重复使用。

通常要想获得一致性的土壤或人工堆肥较困难，所以除规程规定使用土壤床外，一般不建议将土壤发芽床作为初次试验的发芽床。但当纸床或砂床上的幼苗出现中毒症状或对幼苗鉴定发生怀疑时，为了比较或有某些研究目的，可采用土壤作为发芽床。采用土壤作为发芽床时必须选用符合要求的土壤，经高温消毒后，加水调节到适宜水分，然后再播种，并覆上疏松土层。

任务三　种子发芽试验操作

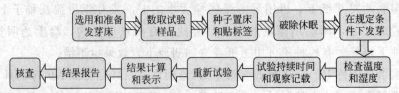

在 GB/T 3543.4—1995 中，规定了各种农作物种子发芽的技术要求。在进行发芽试验前，必须认真查明该种子的发芽技术规定。

一、选用和准备发芽床

GB/T 3543.4—1995《农作物种子检验规程　发芽试验》表 1（本书表 5-1）中，每一种作物通常列出 2～3 种发芽床。中、小粒种子可采用纸上发芽，中粒种子也可采用纸间（纸卷）发芽床，大粒种子或对水分敏感的小、中粒种子宜用砂床（图 5-9）发芽。

图 5-9　砂床

发芽床初次加水量应根据发芽床的性质和大小来决定。砂床加水量应是其饱和含水量的 60％～80％，也就是在 100g 干砂中加水 18～26mL，充分搅拌均匀。水分标准是：手捏成团，放开手即散开，不能手指一压就出现水层。特别要注意，不能将干砂先放入培养皿中，然后加水搅拌，这种拌砂方法，往往会造成砂中水分多、孔隙少，氧气不足，影响正常发芽。用纸床时，纸床吸足水分后，沥去多余水。

二、数取试验样品

试验样品必须从净度分析后充分混合的净种子中，用数种设备或手工随机数取 400 粒种子。一般小、中粒种子（如水稻、小麦、高粱、结球白菜等）以 100 粒为一个重复，试验为 4 个重复；对于大粒、特大粒的种子（如玉米、大豆等）或带有病菌的种子，如果发芽容器较小，也可以 50 粒或 25 粒为一副重复，试验为 8 个副重复，特别大粒的种子（花生、菜豆等）可 25 粒为一副重复。中小粒复胚种子单位可视为单粒种子进行试验，不需弄破（分开），但芫荽例外。

三、种子置床和贴标签

准备好发芽床后，即可采用适宜的置床方式（图 5-10）将种子试样排放在湿润的发芽床上。置床时要求将种子试样均匀地分布在发芽床上，种子之间留有种子直径 1～5 倍的间距，以保持幼苗有足够的生长空间，减少幼苗的相互影响，并防止病菌的相互感染。每粒种子应良好接触水分，使发芽条件一致。

图 5-10　大豆和小麦发芽置床

种子置床后，在发芽盒或培养皿等发芽容器底盘的侧面贴上标签，注明样品编号、品种名称、重复次数和置床日期等内容，并将容器盖子盖好。

四、破除休眠

在 GB/T 3543.4—1995《农作物种子检验规程　发芽实验》表 1（本书表 5-1）第 7 栏"附加说明"中已列入许多农作物种子破除休眠的具体处理方法。许多作物种子都存在休眠现象，直接置床发芽，通常不能良好、整齐、快速地发芽。因此，这些种子在移至规定的发芽条件下培养前要破除种子休眠。处理方式按置床时间可分为三类。

① 种子置床前先进行破除休眠处理，如去壳、加温、机械破皮、预先洗涤、硝酸钾浸渍等处理，然后置床发芽。

② 种子置床后进行破除休眠处理，如预先冷冻处理，先将种子置入湿润的发芽床，然后预先冷冻处理一定时间，再移到规定的发芽条件下发芽。

③ 湿润发芽床处理，如使用硝酸钾、赤霉素酸处理时，可使用 0.2% 的硝酸钾溶液或 0.05%～0.10% 的赤霉素酸溶液湿润发芽床。

五、在规定条件下发芽

按表 5-1 规定的发芽温度和附加说明中的光照条件进行发芽培养（图 5-11）。

（1）温度　选择表中列入的温度，虽然这几种温度都有效，但通常情况下，新收获的处于休眠状态的种子和陈种子，以选用其中的变温或较低恒温发芽为好。确定好规定的温度后，发芽种子所处的位置温度与规定温室的容许差距应不超过 ±1℃。

（2）光照　一般来说，新收获的休眠的需光型种子如茼蒿种子发芽时，一定有光照才能促进发芽。除厌光型种子在发芽初期应放置黑暗条件下培养外，对于大多数对光不敏感的种子，只要条件允许，最好在光照下培养。因为光照有利于抑制发芽过程中霉菌的生长繁殖，有利于幼苗进行光合作用，以便区分黄化和白化的不正常幼苗，正确地进行幼苗鉴定。光照强度要求有 750～1250lx 光源。

图 5-11　培养幼苗

图 5-12　检查温度和湿度

六、检查温度和湿度

在种子发芽培养期间，应经常检查管理（图5-12），以保证适宜的发芽条件。检查管理的主要内容如下。

（1）检查发芽床的水分　发芽床应始终保持湿润，水分不能过干或过湿，更不能断水。

（2）检查培养的温度　恒温箱内要放置温度计与指示器温度相对照，防止温控器失灵。温度应控制在所需温度的±1℃范围内，防止由于控温部件失灵、断电、电器损坏等意外事故导致温度失控。如采用变温发芽，则须按规定变换温度。

（3）检查种子有无发霉情况　如发现种子发霉，应及时取出洗涤除霉。当种子发霉超过5％时，应及时更换发芽床，以免霉菌传染。如发现腐烂死亡种子，则应将其除去并记载。

还应注意氧气的供应情况，避免因缺氧而影响正常发芽。

七、试验持续时间和观察记载

（1）试验持续时间　表5-1对每个种的试验持续时间作出了具体规定，其中试验前或试验期间用于破除休眠状态所需时间不计入发芽试验的时间。

如果样品在试验规定时间内只有几粒种子开始发芽时，试验时间可延长7d或规定时间的一半。根据试验天数，可增加计数的次数。反之，如果在试验规定时间结束之前，可以确定能发芽种子均已发芽，即样品已达到最高发芽率，则可提早结束试验。

（2）鉴定幼苗和观察计数　鉴定幼苗要在其主要构造已发育到一定时期时进行。每株幼苗都必须按照规定的标准进行鉴定。根据种的不同，试验中绝大部分幼苗应达到：子叶从种皮中伸出（如莴苣属），初生叶展开（如菜豆属）、叶片从胚芽鞘中伸出（如小麦属）。尽管有一些种如胡萝卜属在试验末期，并非所有幼苗的子叶都从种皮中伸出，但至少在末次计数时，应可以清楚地看到子叶基部的"颈"。

在初次计数时，应将发育良好的正常幼苗从发芽床中拣出，对可疑的或损伤、畸形、生长不均衡的幼苗，通常留到末次计数时再计数。应及时从发芽床中除去严重腐烂的幼苗或发霉的种子，并随时计数。

在末次计数时，应按正常幼苗、不正常幼苗、硬实、新鲜不发芽种子和死种子的定义，通过鉴定、分类、分别计数和记载。

复胚种子单位作为单粒种子计数，试验结果用至少产生一个正常幼苗的种子单位的百分率表示。当送验者提出要求时，也可测定100个种子单位所产生的正常幼苗数，或产生一株、两株及两株以上正常幼苗的种子单位数。

八、重新试验

为保证试验结果的可靠性和正确性，当试验出现GB/T 3543.4—1995的6、7条所列的情况时，应重新试验。

（1）怀疑种子有休眠（即有较多的新鲜不发芽种子）时，可采用规程规定的休眠种子的处理方法破除休眠后，进行重新试验，将得到的最佳结果填报，同时注明所用的方法。

（2）由于真菌或细菌的蔓延而使试验结果不一定可靠时，可采用砂床或土壤床进行重新试验。如有必要，应加大种子之间的距离。

（3）当正确鉴定幼苗困难时，可采用表 5-1 中规定的一种或几种方法用砂床或土壤床进行重新试验。

（4）当发现试验条件、幼苗鉴定或计数有差错时，应采用同样方法进行重新试验。

（5）当 100 粒种子重复间的差距超过表 5-2 规定的最大容许差距时，应采用同样的方法进行重新试验；如果第二次结果与第一次结果的差异不超过表 5-3 规定的容许差距，则将两次试验结果的平均数填报在结果单上；如果第二次结果与第一次结果的差异超过表 5-3 规定的容许差距，则采用同样的方法进行第三次试验。用第三次的试验结果分别与第一次和第二次的试验结果进行比较，填报符合要求的两次结果的平均数。若第三次试验仍然得不到符合要求的试验结果，则应考虑是否在人员操作（如是否使用数种设备不当，造成试样误差太大等）、发芽设备或其他方面存在重大问题，无法得到满意的结果。

九、结果计算和表示

试验结果以正常幼苗数的百分率表示。计数时，以 100 粒种子为一个重复，如采用 50 粒或 25 粒的副重复，则应将相邻副重复合并成 100 粒的重复。

$$发芽势 = \frac{初次计数正常幼苗数}{供检种子粒数} \times 100\%$$

$$发芽率 = \frac{末次计数正常幼苗数}{供检种子粒数} \times 100\%$$

计算 4 次重复的正常幼苗平均百分率，检查其是否在容许差距范围内。当一个试验四次重复的最高和最低发芽率之差在最大容许差距范围内（表 5-2），则取其平均数表示该批种子的发芽率。不正常幼苗、硬实、新鲜不发芽种子、死种子的百分率按 4 次重复平均数计算。正常幼苗、不正常幼苗、未发芽种子（硬实、新鲜不发芽种子和死种子）的百分率之和为 100，平均百分率修约至最近似的整数，0.5 修约进入最大值。如果其总和不是 100，则执行下列程序：在不正常幼苗、硬实、新鲜不发芽种子和死种子中，首先找出百分率中小数部分最大者，修约此数至最大整数，并作为最终结果，然后计算其余成分百分率的整数，获得其总和。如果总和为 100，修约程序到此结束；如果不是 100，重复此程序；如果小数部分相同，优先次序为不正常幼苗、硬实、新鲜不发芽种子和死种子。

十、结果报告

发芽结果须填报正常幼苗、不正常幼苗、硬实、新鲜不发芽种子和死种子的百分率。假如其中任何一项结果为零，则将符号"—0—"填入该表格中。

　　同时还须填报采用的发芽床、温度、试验持续时间以及为破除休眠状态，促进发芽所采用的方法，以提供评价种子种用价值的全面信息。

十一、核查

由种子检验室的一位高级检验员（校核员）进行下列项目的检查：

（1）任何不正常幼苗，初生感染和次生感染及其他检测问题。

（2）使用的试验方法。

（3）结果计算和修约。

（4）是否符合容许差距的规定（表5-2～表5-5）以及超过容许差距所采取的措施。

（5）要求重新试验的程序，了解发芽试验过程中的问题。

表5-2　同一发芽试验4次重复间的最大容许差距（2.5%显著水平的两尾测定）

（GB/T 3543.4—1995农作物种子检验规程　发芽试验）

平均发芽率/%		最大容许差距/%	平均发芽率/%		最大容许差距/%
50%以上	50%以下		50%以上	50%以下	
99	2	5	87～88	13～14	13
98	3	6	84～86	15～17	14
97	4	7	81～83	18～20	15
96	5	8	78～80	21～23	16
95	6	9	73～77	24～28	17
93～94	7～8	10	67～72	29～34	18
91～92	9～10	11	56～66	35～45	19
89～90	11～12	12	51～55	46～50	20

表5-3　同一或不同实验室来自相同或不同送验样品间发芽试验的容许差距

（2.5%显著水平的两尾测定）

（GB/T 3543.4—1995农作物种子检验规程　发芽试验）

平均发芽率/%		最大容许差距/%	平均发芽率/%		最大容许差距/%
50%以上	50%以下		50%以上	50%以下	
98～99	2～3	2	77～84	17～24	6
95～97	4～6	3	60～76	25～41	7
91～94	7～10	4	51～59	42～50	8
85～90	11～16	5			

表5-4　同一或不同实验室不同送验样品间发芽试验的容许差距

（5%显著水平的一尾测定）

（GB/T 3543.4—1995农作物种子检验规程　发芽试验）

平均发芽率/%		最大容许差距/%	平均发芽率/%		最大容许差距/%
50%以上	50%以下		50%以上	50%以下	
99	2	2	82～86	15～19	7
97～98	3～4	3	76～81	20～25	8
94～96	5～7	4	70～75	26～31	9
91～93	8～10	5	60～69	32～41	10
87～90	11～14	6	51～59	42～50	11

表 5-5　发芽试验与规定值比较的容许误差

（5％显著水平的一尾测定）

（GB/T 3543.4—1995 农作物种子检验规程　发芽试验）

平均发芽率/%		最大容许差距/%	平均发芽率/%		最大容许差距/%
50%以上	50%以下		50%以上	50%以下	
99	2	1	82~86	15~21	5
96~98	3~5	2	71~79	22~30	6
92~95	6~9	3	58~70	31~43	7
87~91	10~14	4	51~57	44~50	8

【拓展学习】包衣种子发芽试验

包衣种子进行发芽试验，不仅可测定包衣种子批的最大发芽力，而且可检查包衣加工过程对种子有无影响。

为了检查包衣物质对种子发芽和幼苗生长有无影响，可将包衣种子直接进行发芽试验。同时可观察幼苗的根和初生叶是否正常。脱去包衣物质进行发芽试验做对比，用来判断包衣物质对种子的伤害。根据国家新颁布的包衣种子标准中规定，包衣种子发芽试验，须先用清水冲洗去包衣物质，再晾干后进行。

一、程序

（1）试验样品取得　如仅做发芽试验，随机数取丸化种子 400 粒，设重复。重复 100 粒或 50 粒。如先做净度分析，净丸化种子部分经充分混匀后，随机数取 400 粒。设重复进行试验。

（2）发芽床选用　按规程说明，丸化种子发芽试验可选用纸床和砂床或土壤。从试验中我们发现，以砂床为最好，因为丸化种子需较多水分，砂床容易调节和正常供应。甜菜等种子可选用褶裥纸作发芽床。

（3）置床种子培养丸化种子发芽培养条件　见表 5-1 农作物种子发芽的技术规定。

（4）发芽持续时间　试验时间可能要比所规定的时间长。但丸化种子发芽缓慢表明，试验条件不是最适合的，或者是由于丸化物质的损伤，或者丸化种子已劣变。当然也可做一个脱去丸化物质的发芽试验，以作为核对调查。

（5）幼苗鉴定和计数　在做丸化种子发芽试验时，进行正常幼苗和不正常幼苗鉴定是很重要的。根据幼苗生长情况，不仅可了解丸化物质对种子有无影响，而且可鉴定丸化种子的活力水平，指导播种工作。

一般丸化种子是单粒的。因此，只要一个丸化种子单位能产生一株送验者所述种的正常幼苗，就作为发芽计数。如果不是长出送验者所述种的幼苗，即使是正常幼苗，也不能作为发芽计数。

如果丸化种子发芽试验时，遇到复粒种子构造，或者在一颗丸化单位中发现 1 粒以上种子。在这种情况下，应把这些丸化颗粒作为单粒种子试验。试验结果按一个构造或一颗丸化种子至少产生一株正常幼苗的百分率表示。而对于产生两株或两株以上正常幼苗的丸化种子要分别计算其颗数。

（6）结果计算和报告　其结果以粒数的百分率表示。另外，在种子带发芽试验时，要测量所用种子带的总长度，并记录正常幼苗总数。在检验证书上应填报九粒或带上种子的正常幼苗、不正常幼苗的百分率。并须说明发芽试验所用的方法及试验持续时间。

二、有关问题的处理

（1）新鲜不发芽种子　在试验中，发现新鲜不发芽种子或其他休眠种子时，可采用前面破除休眠方法处理，重新试验。

（2）幼苗异常　如出现幼苗异常情况，可能是由于丸化物质所引起的。当有这种怀疑时，则需用土壤发芽床重新试验。

任务四　幼苗鉴定技术

正确鉴定幼苗是发芽试验中一个重要环节，直接关系到发芽试验结果的准确性乃至与田间出苗率的一致性。幼苗鉴定的关键是正确区分正常幼苗和不正常幼苗。种子检验员要充分了解不同种子的发芽方式及所形成幼苗的主要构造，准确掌握幼苗鉴定标准和鉴定技术，以提高发芽试验的准确性。

一、主要植物幼苗的形态构造

了解植物幼苗的形态构造，对全面了解种子发芽、生长发育成正常植株的生产性能，正确进行幼苗鉴定很重要。检查、观察幼苗主要构造的正常与异常、长势健壮与细弱等特征就能正确鉴定正常幼苗的生产潜力，为种子使用者提供可靠的种子批种用价值信息。

1. 双子叶植物幼苗的主要构造

双子叶幼苗包括子叶出土型（如菜豆）与子叶留土型（如豌豆、蚕豆）两种。它们之间的主要构造是有区别的。芸薹属幼苗、菜豆幼苗等子叶出土型幼苗主要由初生根、次生根、下胚轴或上胚轴、子叶、初生叶和顶芽等构成；豌豆幼苗等属于子叶留土型的双子叶植物幼苗，主要由初生根、次生根、子叶、上胚轴、鳞状叶、初生叶、顶芽等构成（图 5-13）。

2. 单子叶植物幼苗的构造

单子叶幼苗分为子叶出土型（如葱属等）和子叶留土型（如禾本科植物）。子叶出土型幼苗（如洋葱）由胚根、不定根和管状子叶等构成 [图 5-14(a)]；子叶留土型幼苗（如玉米、小麦等）由种子根（初生根）、次生根、不定根、中胚轴、胚芽鞘、初生叶等构成 [图 5-14(b)、(c)]。

3. 多子叶幼苗的构造

一般林木种子中针叶树种类（如松科等）的幼苗具有多枚针状子叶，故称为多子叶植物。其幼苗由初生根、下胚轴、子叶、顶芽等构成。

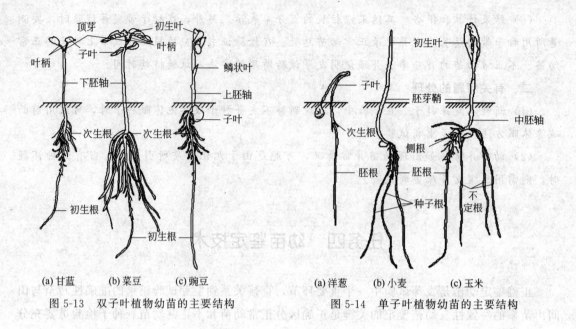

图 5-13 双子叶植物幼苗的主要结构   图 5-14 单子叶植物幼苗的主要结构

二、幼苗鉴定标准

（一）正常幼苗鉴定标准

正常幼苗是指生长在适宜的土壤、温度、水分和光照条件下具有生长和发育成正常植株能力的幼苗。正常幼苗分为完整幼苗、带有轻微缺陷的幼苗和次生感染的幼苗。

凡符合下列类型之一者为正常幼苗。

1. 第一类　完整正常幼苗

幼苗主要构造生长良好、完全、匀称和健康。因种不同，应具有下列一些构造。

（1）发育良好的根系

① 细长的初生根，通常长满根毛，末端细尖。

② 在规定试验时期内产生的次生根。

③ 在燕麦属、大麦属、黑麦属、小麦属和小黑麦属中，由数条种子根代替一条初生根。

（2）发育良好的幼苗中轴

① 出土型发芽的幼苗，应具有一个直立、细长并有伸长能力的下胚轴。

② 留土型发芽的幼苗，应具有一个发育良好的上胚轴。

③ 在出土型发芽的一些属（如菜豆属、花生属）中，应同时具有伸长的上胚轴和下胚轴。

④ 在禾本科的一些属（如玉米属、高粱属）中，应具有伸长的中胚轴。

（3）具有特定数目的子叶

① 单子叶植物具有一片子叶，子叶可为绿色和呈圆管状（葱属），或变形而全部或部分遗留在种子内（如石刁柏、禾本科）。

② 双子叶植物具有两片子叶，在出土型发芽的幼苗中，子叶为绿色，展开呈叶状；在留土型发芽的幼苗中，子叶为半球形和肉质状，并保留在种皮内。

（4）具有展开、绿色的初生叶

① 在互生叶幼苗中有一片初生叶，有时先发少数鳞状叶，如豌豆属、石刁柏属、巢菜属。

② 在对生叶幼苗中有两片初生叶，如菜豆属。

（5）具有一个顶芽或苗端 在禾本科植物中有一个发育良好、直立的胚芽鞘，其中包着一片绿叶延伸到顶端，最后从胚芽鞘中伸出。

2. 第二类 带有轻微缺陷的幼苗

幼苗主要构造出现某种轻微缺陷，但在其他方面能均衡生长，并与同一试验中的完整幼苗相当。

有下列缺陷则为带有轻微缺陷的幼苗。

（1）初生根

① 初生根局部损伤，或生长稍迟缓。

② 初生根有缺陷，但次生根发育良好，特别是豆科中一些大粒种子的属（如菜豆属、豌豆属、巢菜属、花生属、豇豆属和扁豆属）、禾本科中的一些属（如玉米属、高粱属和稻属）、葫芦科所有属（如甜瓜属、南瓜属和西瓜属）和锦葵科所有属（如棉属）。

③ 燕麦属、大麦属、黑麦属、小麦属和小黑麦属中只有一条强壮的种子根。

（2）胚轴 下胚轴、上胚轴或中胚轴局部损伤。

（3）子叶（采用"50％规则"）

① 子叶局部损伤，但子叶组织总面积的一半或一半以上仍保持着正常的功能，并且幼苗顶端或其周围组织没有明显的损伤或腐烂。

② 双子叶植物仅有一片正常子叶，但其幼苗顶端或其周围组织没有明显的损伤或腐烂。

（4）初生叶

① 初生叶局部损伤，但其组织总面积的一半或一半以上仍保持着正常的功能（采用"50％规则"）。

② 顶芽没有明显的损伤或腐烂，有一片正常的初生叶，如菜豆属。

③ 菜豆属的初生叶形状正常，大于正常大小的1/4。

④ 具有三片初生叶而不是两片，如菜豆属（采用"50％规则"）。

（5）芽鞘

① 芽鞘局部损伤。

② 芽鞘从顶端开裂，但其裂缝长度不超过芽鞘的1/3。

③ 受内外稃或果皮的阻挡，芽鞘轻度扭曲或形成环状。

④ 芽鞘内的绿叶没有延伸到芽鞘顶端，但至少要达到芽鞘的一半。

3. 第三类 次生感染的幼苗

由真菌或细菌感染引起，使幼苗主要构造发病和腐烂，但有证据表明病源不是来自种子本身。

（二）不正常幼苗

不正常幼苗分为受损伤的幼苗、畸形或不匀称的幼苗和腐烂幼苗三种类型。

1. 第一类　受损伤的幼苗

由机械处理、加热、干燥、昆虫损害等外部因素引起，使幼苗构造残缺不全或受到严重损伤，以致不能均衡生长者。

2. 第二类　畸形或不匀称的幼苗

由于内部因素引起生理紊乱，幼苗生长细弱，或存在生理障碍，或主要构造畸形，或不匀称者。

3. 第三类　腐烂幼苗

由初生感染（病源来自种子本身）引起，使幼苗主要构造发病和腐烂，并妨碍其正常生长者。

4. 不正常幼苗鉴定

在实际鉴定过程中，凡幼苗带有下列一种或一种以上的缺陷则列为不正常幼苗。

（1）根

① 初生根　残缺；短粗；停滞；缺失；破裂；从顶端开裂；缩缢；纤细；卷曲在种皮内；负向地性生长；水肿状；由初生感染所引起的腐烂。

② 种子根　没有或仅有一条生长力弱的种子根。

注：次生根或种子根带有上述一种或数种缺陷者列为不正常幼苗，但是对具有数条次生根或至少具有一条强壮种子根的幼苗应列入正常幼苗。

（2）下胚轴、上胚轴或中胚轴　缩短而变粗；深度横裂或破裂；纵向裂缝（开裂）；缺失；缩缢；严重扭曲；过度弯曲；形成环状或螺旋状；纤细；水肿状；由初生感染所引起的腐烂。

（3）子叶（采用"50％规则"）

① 除葱属外所有属的子叶缺陷　肿胀卷曲；畸形；断裂或其他损伤；分离或缺失；变色；坏死；水肿状；由初生感染所引起的腐烂。

注：在子叶与苗轴着生点或与苗端附近处发生损伤或腐烂的幼苗列入不正常幼苗，这时不考虑"50％规则"。

② 葱属子叶的特定缺陷　缩短而变粗；缩缢；过度弯曲；形成环状或螺旋状；无明显的"膝"；纤细。

（4）初生叶（采用"50％规则"）　畸形；损伤；缺失；变色、坏死；由初生感染所引起的腐烂；虽形状正常，但小于正常叶片大小的1/4。

（5）顶芽及周围组织　畸形；损伤；缺失；由初生感染所引起的腐烂。

注：假如顶芽有缺陷或缺失，即使有1个或2个已发育的腋芽（如菜豆属）或幼梢（如豌豆属），也列为不正常幼苗。

（6）胚芽鞘和第一片叶（禾本科）

① 胚芽鞘　畸形；损伤；缺失；顶端损伤或缺失；严重过度弯曲；形成环状或螺旋状；

严重扭曲；裂缝长度超过从顶端量起的 1/3；基部开裂；纤细；由初生感染所引起的腐烂。

② 第一叶　延伸长度不及胚芽鞘的一半；缺失；撕裂或其他畸形。

（7）整个幼苗　畸形；断裂；子叶比根先长出；两株幼苗连在一起；黄化或白化；纤细；水肿状；由初生感染所引起的腐烂。

在实际鉴定过程中，由于不正常幼苗只占少数，而且只要能鉴定出不正常幼苗即可。GB/T 3543.4—1995 规定了根（Ⅰ类型）、胚轴（Ⅱ类型）、子叶（Ⅲ类型）、初生叶（Ⅳ类型）、顶芽及周围组织（Ⅴ类型）、胚芽（Ⅵ类型）、整个幼苗（Ⅶ类型）等不正常幼苗的具体缺陷，如图 5-15～图 5-22 所示。

(a) 残缺　(b) 短粗　(c) 停滞　(d) 缺失　(e) 破裂

(f) 从顶端开裂　(g) 缩缢　(h) 纤细　(i) 卷曲在种皮内

(j) 负向地生长　(k) 水肿状　(l) 由初生感染所引起腐烂　(m) 没有或仅有一条生长力弱的种子根

图 5-15　初生根和种子根不正常幼苗类型

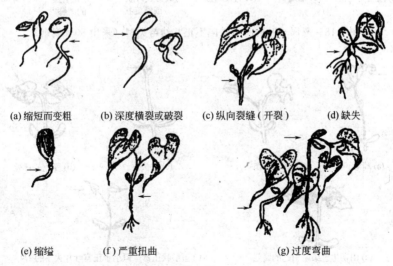

(a) 缩短而变粗　(b) 深度横裂或破裂　(c) 纵向裂缝（开裂）　(d) 缺失

(e) 缩缢　(f) 严重扭曲　(g) 过度弯曲

图 5-16

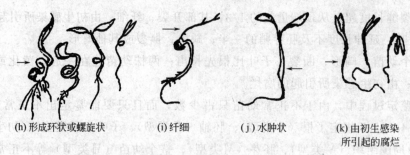

(h) 形成环状或螺旋状　　　(i) 纤细　　　(j) 水肿状　　　(k) 由初生感染
所引起的腐烂

图 5-16　下胚轴、上胚轴或中胚轴不正常幼苗类型

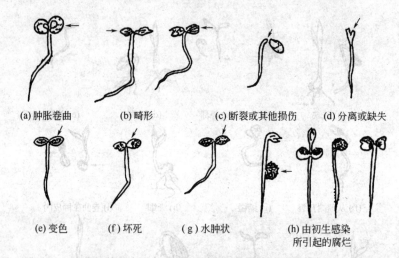

(a) 肿胀卷曲　　　(b) 畸形　　　(c) 断裂或其他损伤　　　(d) 分离或缺失

(e) 变色　　　(f) 坏死　　　(g) 水肿状　　　(h) 由初生感染
所引起的腐烂

图 5-17　除葱属外所有属的子叶缺陷不正常幼苗类型（采用 50％规则）

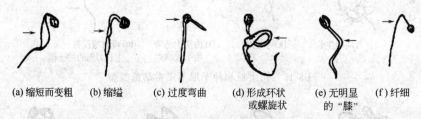

(a) 缩短而变粗　　(b) 缩缢　　(c) 过度弯曲　　(d) 形成环状　　(e) 无明显　　(f) 纤细
或螺旋状　　的 "膝"

图 5-18　葱属子叶的特有缺陷不正常幼苗类型（采用 50％规则）

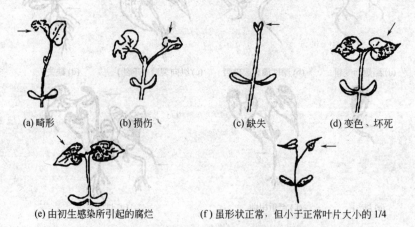

(a) 畸形　　　(b) 损伤　　　(c) 缺失　　　(d) 变色、坏死

(e) 由初生感染所引起的腐烂　　　(f) 虽形状正常，但小于正常叶片大小的 1/4

图 5-19　初生叶不正常幼苗类型（采用 50％规则）

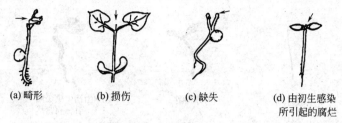

(a) 畸形　　(b) 损伤　　(c) 缺失　　(d) 由初生感染
所引起的腐烂

图 5-20　顶芽及周围组织不正常幼苗（采用 50％规则）

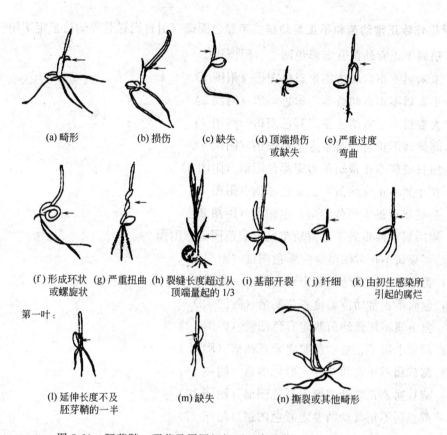

(a) 畸形　　(b) 损伤　　(c) 缺失　　(d) 顶端损伤　(e) 严重过度
或缺失　　弯曲

(f) 形成环状　(g) 严重扭曲　(h) 裂缝长度超过从　(i) 基部开裂　(j) 纤细　(k) 由初生感染所
或螺旋状　　　　　　顶端量起的1/3　　　　　　　　　　　引起的腐烂

第一叶：

(l) 延伸长度不及　　　　　(m) 缺失　　　　　(n) 撕裂或其他畸形
胚芽鞘的一半

图 5-21　胚芽鞘、顶芽及周围组织不正常幼苗（采用 50％规则）

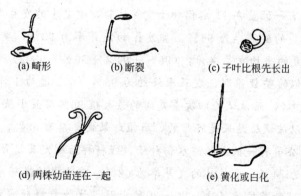

(a) 畸形　　　　　(b) 断裂　　　　　(c) 子叶比根先长出

(d) 两株幼苗连在一起　　　　　(e) 黄化或白化

图 5-22

       (f)纤细   (g)水肿状   (h)由初生感染所
                                                            引起的腐烂

图 5-22　整株幼苗畸形类型

5. 常见作物正常幼苗和不正常幼苗鉴定彩色图谱（引自周祥胜等幼苗鉴定实用手册）

（1）稻属不正常幼苗鉴定彩色图谱（附图 1）

（2）玉米属不正常幼苗鉴定彩色图谱（附图 2）

（3）小麦属不正常幼苗鉴定彩色图谱（附图 3）

（4）大麦属不正常幼苗鉴定彩色图谱（附图 4）

（5）高粱属不正常幼苗鉴定彩色图谱（附图 5）

（6）向日葵属不正常幼苗鉴定彩色图谱（附图 6）

（7）花生属不正常幼苗鉴定彩色图谱（附图 7）

（8）芸薹属不正常幼苗鉴定彩色图谱（附图 8）

（9）甜瓜属和西瓜属不正常幼苗鉴定彩色图谱（附图 9）

（10）菜豆属不正常幼苗鉴定彩色图谱（附图 10）

（11）番茄属不正常幼苗鉴定彩色图谱（附图 11）

（12）葱属不正常幼苗鉴定彩色图谱（附图 12）

（13）萝卜属不正常幼苗鉴定彩色图谱（附图 13）

（14）胡萝卜属不正常幼苗鉴定彩色图谱（附图 14）

（15）莴苣属不正常幼苗鉴定彩色图谱（附图 15）

（16）豌豆属不正常幼苗鉴定彩色图谱（附图 16）

（17）蚕豆属不正常幼苗鉴定彩色图谱（附图 17）

【案例】玉米种子发芽试验

[案例 1] 某公司有一批盐丰 11 水稻种子发芽试验，重复Ⅰ的发芽率为 94%、重复Ⅱ的发芽率为 95%、重复Ⅲ的发芽率为 96%、重复Ⅳ的发芽率为 93%，发芽试验条件为纸上，30℃恒温。则四次重复的平均发芽率为：（95%＋94%＋96%＋93%）÷4＝94.5%，根据平均百分率修约至最近似的整数原则，发芽率修约为 95%（0.5 进为 1 计算）。查表 5-4 得重复间最大容许差距为 9%，而该试验四次重复间的最大值 96% 与最小值 93% 之差为 3%，在容许差距范围内，所以该试验结果是可靠的，填报结果发芽率为 95%。

[案例 2] 某种子公司有一批上年陈水稻种子，经扦样后测定其发芽率如下：

重复Ⅰ的发芽率为 74%、重复Ⅱ的发芽率为 62%、重复Ⅲ的发芽率为 65%，重复Ⅳ的发芽率为 54%，发芽试验条件为纸上，20～30℃变温，试验前经硝酸钾处理。四次重复的平均发芽率为：（74%＋62%＋65%＋54%）÷4＝63.75%，根据进入最大值保留整数的修约原则，发芽率修约为64%，查表5-2得容许差距为19%，而该试验4次重复间的最大差异为：74%－54%＝20%，超过了容许误差19%，所以必须进行重新试验。

进行第二次发芽试验后，4次重复的发芽率分别为：68%、66%、67%和66%。4次重复的平均发芽率为：（68%＋66%＋67%＋66%）÷4＝66.75%，根据进入最大值保留整数的修约原则，发芽率修约为67%，查表5-3得容许误差为18%，而该试验重复间的最大差异为：68%－66%＝2%，未超过容许差距18%。

比较两次试验结果的一致性：（63.75%＋66.75%）÷2＝65.25%，其平均值为65%，表5-3，其容许差距为7%，而两次试验结果间的差距为70%－66.5%＝3.5%，未超过容许差距。因此，最后填报结果的发芽率为65%。

案例3. 现有一水稻生产大户，从A种子公司购进一批水稻种子，回家后按标准发芽试验测定其发芽率为81%，而公司测定的发芽率为88%，该农民测定结果与A公司测定结果是否一致，请您做出判断。

首先计算两者的平均值为（81%＋88%）÷2＝84.5%，根据发芽试验数据修约原则，发芽率修约为85%，查表5-4，容许差距为7%，而两者的试验差距为7%，因此农民测定的结果与A种子公司测定的结果是一致的。

复习思考题

1. 试述破除种子休眠的方法。

2. 某公司检验室测定一份玉米种子的发芽率，第一次发芽试验四个重复的发芽率分别为77%、67%、69%、59%；第二次发芽试验四个重复的发芽率分别为73%、69%、77%、57%；第三次发芽试验四个重复的发芽率分别为74%、76%、78%、70%，计算其发芽率。

3. 在发芽试验中，出现哪几种情况应重新试验？

4. 正常幼苗和不正常幼苗的类型有哪些？

5. 种子发芽的条件有哪些？发芽试验对纸床的要求有哪些？

6. 课后完成水稻、玉米、大豆、菜豆、葱、白菜种子发芽试验，并对结果进行正确报告，要求程序符合标准要求，结果报告规范正确。

课后作业 按规程要求完成玉米种子发芽试验并完成下表。

玉米种子发芽试验

组别：　　　试验人：　　　参加人：　　　　　　　　时间：　　年　月　日
一、种子发芽试验基本知识： 基本概念： 种子发芽的条件：
二、发芽试验仪器设备及用品：

三、种子发芽试验程序	（一）发芽床的准备：
	（二）数取试验样品：
	（三）置床并贴标签：
	（四）检查：
	（五）试验持续时间和观察记载：
	（六）结果计算和表示：
	（七）结果报告：

项目六　品种真实性和纯度鉴定

任务一　学习品种真实性和纯度鉴定基础知识

品种真实性和品种纯度鉴定是我国种子质量检验的必检项目之一。只有了解和掌握鉴定品种真实性和品种纯度的原理和方法，才能在实践中正确鉴定品种真实性和品种纯度。依据品种鉴定的原理不同，品种真实性和品种纯度鉴定方法主要有种子形态鉴定、快速测定、培养箱生长测定、电泳法鉴定、DNA指纹技术及田间小区种植鉴定等主要方法。不同的鉴定方法各有自己的优点，但同时也都存在一定的局限性。为了准确地鉴定品种的真实性和纯度，要了解和掌握每一种方法的优缺点，根据不同作物和品种类别选用适宜的方法。鉴定品种真实性和品种纯度的方法要求快速省时、简单易行、经济实用、鉴定准确，并经过多年的核准比对试验，达到标准化后，方可进入实用阶段。

一、品种真实性和品种纯度鉴定基础知识

（1）品种真实性　是指一批种子所属品种、种或属与文件描述是否相符。这是种子真假问题。

（2）品种纯度　是指品种个体与个体之间在特征特性方面典型一致的程度，用本品种的种子数（或株、穗数）占供检验本作物种子数（或株、穗数）的百分率表示。这是鉴定品种一致性程度高低的问题。

（3）异型株　是指一个或多个性状（特征、特性）与原品种的性状明显不同的植株。

（4）标准种子　是指用于品种鉴定试验的对照样品种子，应由品种权人提供能代表品种原有特征特性的原种或育种家种子。

(5) 原种　是用育种家种子繁殖的第一代至第三代，按原种生产技术规程生产的达到原种质量标准的种子，用于进一步繁殖良种的种子。

(6) 育种家种子　是育种家育成的遗传性状稳定的品种或亲本种子的最初一批种子，用于进一步繁殖原种的种子。在试验中或种植鉴定整个过程中，应提供全面系统的品种特征特性标准，最好能提供在许可时间内经 4～5℃ 低温贮藏几年的样品种子，即一次繁殖、贮藏，多年多次使用，以减少因繁殖世代多而产生的变异。更换时最好从育种家手里获取，并进行新老标准样品的比较（含电泳图谱比较）。

二、品种真实性和品种纯度鉴定的基本条件和依据

（一）品种真实性和品种纯度鉴定的基本条件

(1) 检验对象　检验的对象可以是种子、幼苗或植株。

(2) 熟练掌握检验技术的专业人员　只有熟练的技术人员才可能了解品种纯度检验的依据，洞悉品种间稳定而明显的差异，有效地选择合适的方法，正确地掌握操作程序，从而准确地进行检验。

(3) 标准样品　检验室应有被检品种的标准样品、图片或文字材料，供检验时作为对照使用。

(4) 试验条件　纯度检验，除必需的仪器设备外，尚需较一致的、稳定的环境条件，以保证测定结果的准确性、可靠性和重演性。进行种植鉴定时还要尽量满足其对外界环境条件的要求以便使品种的特性充分发育。

（二）品种真实性和品种纯度鉴定的基本原理和依据

为鉴定品种真实性和品种纯度，必须找出品种之间形态学、细胞遗传学、解剖学、物理学、生理学、化学和生物化学等方面的差异，同时要熟悉这些特征特性，并掌握一些鉴定方法，综合运用于实际。

1. 形态学性状

包括籽粒形态性状、幼苗形态性状、植株和果穗形态性状。

(1) 籽粒形态性状　包括籽粒的大小、形状、颜色以及籽粒表面附属物的特征等。如水稻种子的大小、形状（长宽比）、稃尖色、稃毛长短和多少、柱头外露遗迹等；小麦护颖形状、颖嘴、颖肩等特征，籽粒形状、顶端茸毛长短及分布、腹沟形状、深浅等；玉米种子的粒形、类型（马齿型、半马齿型和硬粒型）、颜色（图 6-1，彩图见插页）、大小、果柄的颜色、种胚的大小和形状等方面的差异以及胚乳直感现象等；大豆种子（图 6-2，彩图见插页）的大小和形状、种皮颜色（黄大豆、黑大豆、绿大豆）、子叶色（黄色、绿色）、种脐色等。虽然其中有些性状比较细微，但属于遗传上的质量性状，比较稳定，对鉴定品种也是很有用的。

(2) 幼苗形态性状　指幼苗期品种之间的差异性状，如禾谷类幼苗芽鞘的颜色

图 6-1　玉米种子　　　　　　　　　　　　　图 6-2　大豆种子

（图 6-3）、第一片真叶的形状、叶向角、叶缘的波曲与平展等；豆科和十字花科植物胚轴长短、颜色、上面着生的茸毛特征、叶片的形状和颜色等。

（3）植株与果穗的形态性状　　包括株型（图 6-4）、叶型、穗型（图 6-5，彩图见插页）等，与田间检验依据性状相似。

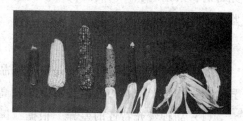

图 6-3　玉米幼苗　　　　　图 6-4　玉米植株　　　　　图 6-5　玉米果穗

2. 细胞遗传学性状

目前根据细胞遗传学特征进行品种鉴定的有效方法主要是依据细胞染色体数目上的差异。据 E. Margaret 等研究，黑麦草品种可按二倍体黑麦草（$2n=14$）和四倍体黑麦草（$4n=28$）的染色体数目的差异进行鉴别；三倍体无籽西瓜（$3n=33$）的父母本分别为四倍体（$4n=44$）和二倍体（$2n=22$），也可以根据染色体数目的差异进行区分。这种方法还可用于棉花、红三叶草、甜菜、六月禾、小麦和小黑麦等作物的鉴定。

3. 解剖学性状

许多研究表明，可以根据不同品种果皮、种皮细胞形态和特征的差异，以及繁殖器官（如马铃薯块茎和甘薯块根等）颜色和构造的差异来鉴定品种。

（1）果皮解剖学特征　　根据前苏联学者 M. K. 菲尔索娃（1957）的研究，可按向日葵果皮各层细胞学解剖形态特征的差异区分软壳向日葵和硬壳向日葵品种。

（2）种皮解剖学特征　　根据 M. K. 菲尔索娃（1957）和刘长江等（1984）的研究，芸薹属各种可按种皮解剖学细胞形态特征的差异来鉴别区分。

4. 生理学性状

鉴定品种的生理学特性主要是指不同品种的幼苗对逆境（如异常温度）、抗病虫害特性、微量元素缺乏症状、特定光周期、除草剂危害症状等因子的抗性和反应敏感性等生理学特性的不同。

（1）不同品种对温度反应的差异　　根据 B. T. Ulaxba30B（1975）的研究玉米杂交种的

抗热性比自交系强。生理学研究表明,杂交种不仅在遗传上具有杂种优势,而且比其亲本具有更完善的生理特性,抗热性较强。

(2) 不同品种对光周期反应的差异　根据陶嘉龄(1981)的介绍,大豆不同品种幼苗对每天光照长短的反应不同,表现出现蕾、开花时间迟早有差异,借以鉴定不同品种。

(3) 不同品种对除草剂敏感性的差异　根据陶嘉龄(1981)的介绍,大豆不同品种的幼苗经赛克津(除草剂)处理,表现出受害和死亡时间有差异。黄亚军(1985)研究,芸薹属不同种和品种的幼苗经灭草灵处理,表现出不同受害抑制程度。此方法用于鉴定转基因大豆品种更加有效。

(4) 不同品种抗病虫害特性的差异　根据 A. F. Kelly(1975)介绍,因为不同品种在抗病虫害特性方面存在差异,所以可用接种病虫的方法,观察和记录不同品种对病虫忍耐性的差异,借以鉴别不同品种。例如,可用水稻对螟虫、稻瘟病、细菌性条斑病的抗性,小麦对赤霉病、条锈病和秆锈病的抗性,大麦对赤霉病、云纹病、叶锈病、囊线虫病抗性的差异来鉴定品种。

5. 物理特性

鉴定品种的物理特性主要是指不同品种的种子或幼苗在紫外光照射下发出荧光特性的差异。荧光扫描图谱、扫描电镜形态图和高压液相色谱图的差异也可作为鉴定的依据。

(1) 品种荧光特性的差异　根据《国际种子检验规程》(1996)的介绍,不同品种的大麦、燕麦种子荧光特性的颜色有差异;一年生和多年生黑麦草根迹荧光颜色特性有差异,据此鉴定不同品种。

(2) 品种荧光扫描图谱的差异　赖省生(1985)和邓鸿德(1988)等的研究发现,杂交水稻种子及其三系种子米粒显现出荧光扫描图谱上的差异,借此可分别杂交种和测定纯度。

(3) 品种扫描电镜形态特性的差异　刘长江等(1984)的研究发现,芸薹属种子表皮的扫描电镜形态图存在差异,据此可鉴定不同品种。

6. 化学特性

鉴定品种的化学特性主要是根据不同品种的种子化学成分的差异,用化学药剂处理后显现出不同的颜色,由此区分不同品种。常用的化学染色法有:主要用于麦类和水稻的苯酚染色法、用于高粱的氢氧化钾-漂白粉染色法、应用于大豆种子的愈创木酚染色法等。

7. 生化性状

鉴定品种的生化特性主要是指品种的蛋白质和同工酶电泳图谱。不同品种由于其遗传基础物质 DNA 不同,形成的模板 RNA 不同,合成不同的蛋白质或同工酶。采用电泳技术将种子中的这些不同成分加以区分,形成不同的电泳图谱,也称为"品种的生化指纹",或"品种的标记",借以区分品种,进行纯度鉴定。电泳技术用于品种鉴定已经在全球受到广泛重视,1999 年版的《国际种子检验规程》中列入了酸性聚丙烯酰胺凝胶电泳测定(适用于大、小麦种子)等,并越来越多地得到应用。

8. 分子标记性状

分子标记一般是指 DNA 标记,它以染色体 DNA 上特定的核苷酸序列作为标记。作为遗传标记的一种，分子标记与其他遗传标记相比具有以下优点。

（1）直接以 DNA 的形式表现，在生物体的各个组织、各个发育阶段均可检测到，不受季节和环境限制，不存在表达与否等问题。

（2）数量极多，遍布整个基因组，可检测的座位几乎是无限的。

（3）多态性高，自然界存在许多等位变异，无须人为创造。

（4）表现为中性，环境不影响目标性状的表达。

（5）许多标记表现为共显性的特点，能区别纯合体和杂合体。利用分子标记技术，直接反映 DNA 水平上的差异，所以目前成为最先进的遗传标记系统。

任务二　品种真实性和品种纯度鉴定的方法

品种形态鉴定法是根据种子、幼苗和植株的形态特征特性的差异，将不同品种区分开来。该法是目前农作物品种鉴定使用最早、最基本、最简单、最有效的方法，在实践中认为是最可靠的方法，并仍在广泛应用。由于此方法较大程度建立在经验鉴别的基础上，国际规程强调要有可靠的标准样品和鉴定图片或有关资料（说明或标签），还应由熟悉供检样品特征特性的专家进行鉴定。

一、品种的形态鉴定

（一）种子形态鉴定

随机从样品中数取 400 粒种子，鉴定时需设重复，每个重复不超过 100 粒种子。根据种子的形态特征，必要时可借助放大镜、解剖镜等逐粒进行观察，必须备有标准样品和鉴定图片或有关资料（说明或标签）。主要根据种子形状大小、颜色、芒、种脐、茸毛等明显和细微差异。当两个品种无明显差异时，就要用其他方法鉴别。色泽检查要在白天散射光下或特定光谱下进行，以区分出与标准样品不同的异型种子。

1. 玉米杂交种子

玉米杂交种子可采用果穗鉴别法简易判定是否真实。从杂交种及其相应的亲本种子或果穗中，随机取两份样品，果穗每份取 10 个正常果穗，种子每份取 200 粒，参照其标准样品及其亲本种子的原种（果穗）特征进行分析鉴别。

玉米种子根据粒形（圆粒、长粒、扁粒）、粒型（马齿型、半马齿型、硬粒型）、粒色深浅（白、浅黄、橙黄、浅红、紫色）、种子大小、果柄颜色（红、白、浅红、紫红）、顶部凹陷和饱满状况，胚的大小和形状、籽粒表面圆滑程度、棱角有无、颜色和花丝遗迹等区别不同品种，并利用胚乳直感鉴定父母本与杂交种，确定品种纯度。实践上应用玉米籽粒花粉直感特性简便易行、方法准确，但对少数无明显花粉直感特征的杂交种无法使用。生产上如 8112×H21、黄早四×Mo17Ht、107×黄早四等组合就是较好的例子。8112×H21 组合中母本籽粒顶端黄色，父本顶端白色、杂交种顶端白色，据此可将母本自交系粒和杂交种区分开；107 顶端为黄色，胚乳为橘红色，父本黄早四顶端为白色，同样杂交种顶端为白色，胚乳为橘红色，可明显地将杂交种与母本自交系粒区分开；黄早四×Mo17Ht 的母本黄早四籽粒黄色透明，父本红黄色不透明，杂交种红黄色不透明，因此也可区分杂交种及母本自交粒。

（1）果穗长度与形状　不同品种的果穗长度与形状不同。穗长是量穗的基部到穗的尖端的距离。根据各穗的长度计算平均数。穗的形状分为长筒形、锥形和长锥形。如农大 108 号玉米果穗长为 14～18cm，穗形为筒形。

（2）穗轴性状　玉米不同品种的轴色不尽相同，一般分为红色、淡红色、粉色、白色等。如农大 108 玉米的轴色为粉色，农大 2238 号的轴色为红色，冀单 28 号的轴色为白色。穗轴中部直径有细、中、粗之分。

（3）粒型　以多数果穗的中部粒形为准，粒型主要分为马齿型、半马齿型、硬粒型。如东单 7 号为马齿型，吉单 101 号为硬粒型，农大 108 号和农大 2238 号籽粒为半马齿型。

（4）粒色　不同品种的种子具有不同的颜色并且其粒色的分布也不尽相同。一般分为黄色、黄白、棕黄色、白色、红色、紫色等。如农大 108 号玉米的籽粒为黄色，沈单 10 号籽粒为橙黄色。

（5）种脐的颜色　同一品种的种脐及其穗轴的颜色是相同的，一般分为白色、红色、淡红色。

（6）籽粒大小　籽粒的长度、宽度、厚度。

2. 杂交水稻种子

杂交水稻种子真伪的鉴别是在室内检查杂交种子内是否含有其他的稻谷。

水稻种子根据种子谷粒形状（图 6-6）、长宽比、大小、稃壳和稃尖色、稃毛长短、稀密、柱头夹持率等进行分析鉴别。

(a) A品种(短圆型)　　　　(b) A品种+B品种　　　　(c) B品种(长粒型)

图 6-6　水稻不同品种的种子形态差比较

（1）柱头痕迹　水稻常规种子属于自花授粉，雌蕊的柱头不外露，柱头痕迹留在颖壳内部，剥开颖壳在米粒顶部可看到浅黑色的柱头痕迹。而杂交种子在制种过程中是异花授粉，雌蕊的柱头外露，仔细观察识别谷粒内外稃的中间，可发现一点不明显的小黑点（即柱头痕迹）。柱头痕迹的不同可作为识别杂交种子和常规种子的依据。依柱头痕迹可将水稻杂交种 F1 中混入的恢复系 R 和不育系中混入的保持系 B 区分出来，因为恢复系 R 和保持系 B 无夹持率，有夹持率的为杂交种 F1 或不育系 A，可进一步做种植鉴定。

（2）整齐度　在杂交种子内混有其他常规种子时，种子粒形不整齐。如混入父本则明显比杂交种子饱满。

（3）稃壳色　杂交种的稃壳上略带不均匀黄褐色的生理杂色，而父本、保持系等杂粒的稃壳颜色均匀一致，透明度高且外表较光滑。

3. 豆类种子

豆类种子形状有球形、卵形、椭球形及短柱形等。其种皮颜色随品种而变化，有纯白、乳黄、淡红、紫红、浅绿、深绿、墨绿及黑色等。豆类种子的真伪可以根据子叶颜色，脐的形状、大小、色泽，以及种子表面有无疣瘤和特殊的花纹等加以鉴别。

4. 小麦种子

小麦种子的真伪可以根据粒色、粒形、质地（硬质、粉质）、种背性状（光滑、宽、窄）、腹沟形状、毛刷（长短、多少）、胚（大小、黑胚）、籽粒大小等加以鉴别（图6-7，彩图见插页）。

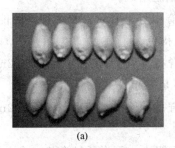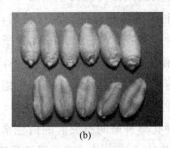

(a)　　　　　　　　　　　　　(b)

图 6-7　小麦不同品种种子的形态比较

5. 棉花种子

棉花种子的真伪主要是根据棉籽的纤维长度、纤维整齐度和杂籽百分率来判断。

（1）纤维平均长度　取棉籽50瓣，每瓣取中间棉籽一粒，用左右分梳法测量每粒棉籽的纤维长度，以毫米为单位，求出纤维平均长度。将此长度与该品种标准长度进行比较。如与标准长度不符则种子的真实性有问题或纯度较差。

（2）纤维整齐度　常用纤维长度区分法表示，计算公式如下。

$$纤维平均长度\pm2mm以内棉籽粒数所占百分率 = \frac{纤维平均长度\pm2mm以内棉籽粒数}{测定棉籽粒数}\times100\%$$

凡2mm以内棉籽粒数在90%以上者表示纤维整齐，纯度好；80%～90%之间者表示纤维整齐度较差，纯度也不高；80%以下者为不整齐，纯度很差。

（3）杂籽百分率　一般陆地棉的棉籽为灰色或白色，籽粒为锥形。如棉籽颜色、形状、大小有改变，表示品种退化与原品种有差异，可列为杂籽。杂籽主要包括绿色（日晒后呈棕色）、稀毛籽、稀毛绿籽、光籽。至于多毛大白籽、畸形籽、小籽则不列为杂籽。从样品中或种子包装内随机数取棉籽500粒，逐粒仔细鉴别比较，区分出上述杂籽，计算杂籽百分率。

$$杂籽百分率 = \frac{杂籽数}{检查棉籽数}\times100\%$$

$$棉籽纯度 = 100\% - 杂籽百分率$$

6. 芸薹属蔬菜种子（大白菜、甘蓝、花椰菜等）

芸薹属蔬菜种子可根据种子的形状、大小、胚根脊、种脐等特征来鉴别真伪。

（1）形状 从两个不同面观察种子形状。一为顶部形状，即视线垂直于着生脐区一面的形状；二为侧面形状，即脐区朝上，胚根脊朝左时的侧面形状。

（2）大小 种子大小用长×宽×厚来表示。以垂直于脐区的轴长为"长"，垂直于长轴的轴为"宽"，垂直于宽面的轴长为"厚"。

（3）胚根脊 内折下胚轴，在种子表面出现脊状隆起即为胚根脊。

（4）种脐及种脐区 种脐为种子脱离母体后，在连接处留下的疤痕；脐区为接近于种脐的圆形深色部分。

（5）种孔 在种子有脐区的一端，靠近胚根尖处的小孔。

（6）鳞片碎屑 一些种子表面有碎屑状的白色附属物。

（7）网纹 种皮表面的网状花纹。

（8）网脊 网纹周围突起的壁，由1～2列细胞组成。

① 大白菜种子的鉴别标准 网纹清楚，网脊中等呈脊状，脊上细胞腔能看见。无胚根脊或较模糊，种子直径1.6～2.0mm，种子鲜红褐色。

② 大头菜种子的鉴别标准 网纹显著，网脊高、顶平、壁直。种子长2mm以下。脐区仅有少量白色组织，但种孔至种脐间白色组织不是突起状。

③ 雪里蕻种子的鉴别标准 网纹显著，网脊高、顶平、壁直。种子长2mm以下。脐区有白色组织，种孔至种脐间有突起的白色窄条。

④ 结球甘蓝种子的鉴别标准 网纹模糊，网眼小，网脊矮呈脊状，脊上细胞腔不明显。种子长在2mm左右，种子长小于宽。侧面近方形，胚根脊明显，一侧下部偏斜。

⑤ 花椰菜种子的鉴别标准 网纹模糊，网眼小，网脊矮呈脊状，脊上细胞腔不明显。种子一般长大于宽，侧面倒卵形，胚根不明显。

7. 西瓜种子

西瓜种子按种子的长度划分，小粒长度为5～6mm，中粒为7～10mm，大粒为11～16mm。重量按千粒重分为大粒型120～150g，中粒型61～119g，小粒型50～60g。形状分为扁平形和卵圆形，品种间有差异。颜色分为白色、白黄、深金黄、黑色、黄绿色等。种皮斑纹分为脐部黑色，边缘缝合线黑色，整个种皮黑色，边缘黄斑，以及种皮有黑色斑点或条纹。种子的品种不同种子比重也有差异。西瓜种子的真伪可以根据以上性状加以鉴别。

8. 茄科蔬菜种子

茄科蔬菜种子主要有番茄、茄子、辣椒和马铃薯等，可以根据种子扁平程度、形状（有圆形、卵形或肾状形）、色泽（由黄褐至赤褐）、种皮（光滑或被绒毛）、种子大小等性状区分。

番茄种皮披有绒毛。辣椒种皮无绒，毛种子扁平较大，略呈方形，种皮粗糙，具网纹，周围略高，呈浅黄色。茄子种皮无绒毛，种子饱满较小，种皮光滑，中央隆起，呈黄褐色，种子近圆形。马铃薯种皮无绒毛，饱满较小，种皮光滑，中央隆起，呈黄褐色，种子呈芝麻形。

9. 葱属种子

葱属种子可以根据种子形状、种皮色泽、种皮平滑或皱缩、脐或发芽孔的位置，胚在种子中的形状等加以鉴别。葱属种子的形状特征比较见表 6-1。

表 6-1　葱属蔬菜种子的形状特征比较

种类	种子大小/mm			千粒重/g	每克种子粒数	种子比重	种子形状及种皮特征
	长度	宽度	厚度				
韭菜	3.10	2.10	1.25	3.45	290	1.240	种子扁平,呈盾形,腹背不明显,脐突出,种面密布细皱纹
韭葱	3.00	2.00	1.35	2.50	400	1.260	三角锥形,背部突出有棱角,腹部呈半圆形,一端突出,背部皱纹粗而多,呈波状,脐凹洼
洋葱	3.00	2.00	1.50	3.50	286	1.169	三角锥形,背部突出有棱角,腹部呈半圆形,脐部凹洼深。背部皱纹较大葱多,较韭葱少且不规则
大葱	3.00	1.85	1.25	2.90	345	1.106	三角锥形,背部突出有棱角,腹部呈半圆形,脐部凹洼浅,背部皱纹少,整齐

(二) 幼苗形态鉴定

幼苗形态鉴定有两种方法。一种方法是在温室或培养箱中,提供植株以加速发育的条件(类似于田间小区鉴定,只是所用时间较短),当幼苗生长到适宜评价的发育阶段时,对全部或部分幼苗进行鉴定;另一种方法是让植株生长在特殊的逆境条件下,测定不同品种对逆境的反应来鉴别不同品种。

(1) 利用幼苗芽鞘颜色等标记性状鉴别真假杂种　禾谷类幼苗芽鞘通常分为绿色与紫色两类,因品种不同,紫色有深浅之分。鉴定时取 100 粒 4 次重复,在适宜温度和连续光照下培养,待芽鞘露出本品种特有颜色时就可鉴别区分出异品种种子,计算品种纯度。

(2) 根据子叶与第一片真叶形态鉴定十字花科的种或变种　在子叶期根据子叶大小、形状、颜色、厚度、光泽、茸毛等性状鉴别,第一真叶期根据第一真叶形状、大小、颜色、厚度、光泽、茸毛、叶脉宽狭及颜色、叶缘特征鉴别。现将甘蓝各变种的种苗特征特性进行比较见表 6-2。

表 6-2　甘蓝各变种的种苗特征特性比较

甘蓝变种	子　叶	第一片真叶
白球甘蓝	中等或大,倒肾形,先端有浅凹,暗绿色,有鲜明紫色沉积,下胚轴色素不明显	中等大小,椭圆形,叶缘细锯齿状,淡绿色或绿色,无色素沉积
红球甘蓝	红球甘蓝子叶中等大小,倒肾形,先端有浅凹,暗紫色,下胚轴全部呈暗浓紫色	中等大小,椭圆形,叶缘细锯齿状,绿色,有色素沉积,叶面光滑,无茸毛,叶柄暗紫色
皱叶甘蓝	中等大小,倒肾形,先端有浅凹,黄色、绿色或深绿色,叶面光滑,下胚轴绿色略带紫色	中等大小,尖椭圆形,叶缘细锯齿状,绿色,叶面呈泡状,有时叶缘、叶脉有稀疏的茸毛
抱子甘蓝	子叶小,有时中等大小,倒肾形,先端有浅凹,绿色,背面有紫色沉积,叶面有光泽,下胚轴绿色,上部紫色	中等大小,椭圆形或长形,绿色,叶面平滑,无茸毛,叶缘具有不明显的突起
花椰菜	子叶小,卷成槽状,暗绿色,早中熟品种下胚轴有鲜明色素沉积,晚熟品种色素不明显	中等大小,叶缘具不明显的细锯齿,叶面光滑,暗绿色,中央叶脉有色素沉积
球茎甘蓝	中等大小,倒心脏形,绿色或暗绿色,下胚轴绿色或有色素沉积	中等或大,尖长椭圆形,叶缘具大而尖的锯齿,绿色或暗绿色,叶脉叶柄有时有色素沉积,叶面光滑,无茸毛

（3）根据第一片真叶叶缘特性鉴定西瓜纯度　南京农业大学 1995 年用营养液砂培（粒距 3cm，温度 20～30℃）置于充足光照条件下，发芽 12d 第一片真叶展开时根据叶缘有无缺刻以及缺刻深浅成功地鉴别了几个杂交组合的西瓜品种纯度。

（4）大豆幼苗形态鉴定　把种子播于砂中（种子间隔 2.5cm×2.5cm，播深 2.5cm），在 25℃条件下，24h 光照培养，每隔 4d 施加 Hoagland 1 号培养液❶，至幼苗各种特征表现明显时，根据幼苗下胚轴颜色（生长 10～14d）、茸毛颜色（21d）、茸毛在胚轴上着生的角度（21d）、小叶形状（21d）等进行鉴别。

（5）莴苣幼苗形态鉴定　将莴苣种子播于砂中（种子间隔 1.0cm×4.0cm，播种深度 1cm），在 25℃恒温下培养，每隔 4d 施加 Hoagland 1 号培养液，3 周后（长有 3～4 片叶），根据下胚轴颜色（粉红色或绿色）、叶色（杂红色或红色、淡绿色或深绿色）、叶片卷曲程度和子叶等性状进行鉴别。

在幼苗形态鉴定时，可采用特殊的环境条件或激素等处理来诱导不同品种的遗传差异表现出来从而有利于鉴别，也可用营养成分、光周期、温度、渗透有毒成分（杀虫剂、杀菌剂等）或水分处理来诱导品种鉴别性状的发育。

（三）植株形态鉴定

该法主要是在幼苗至成熟期间，根据不同品种植株形态特征和生育特性的差异，鉴别出异型植株的方法。该法是在种子形态和幼苗形态化学、物理、细胞遗传学、生物化学等鉴定方法不可靠或不可能鉴别时而不得不采用的方法。因为植株形态特征和生育特性比其他方法有更多的特征特性可供鉴别，有可能进行正确可靠的鉴定。

一般可根据株高、株形、茎粗、植株的花色、茎色、茎上茸毛、叶形、光周期反应、抗病性、成熟期、穗形和穗色、芒的有无、粒形和粒色、生育习性等特征来鉴定不同品种。有时也可利用控制生活周期，即利用温室条件，促进和加速鉴别性状的发育，达到比田间鉴定更快的目的。人工控制环境条件，可能会改变品种的性状。因此在品种鉴定时应将欲检品种种植在该作物适应生长的地区，给予良好的栽培管理，并应在适当的季节进行，否则将会影响鉴定结果。但是，由于田间种植测定有占地面积大、设备多、时间长、花工多、成本高等缺点，并且能用于植株形态鉴定的性状是有限的，所以，该方法与其他鉴定方法结合进行，可以收到较好的鉴定效果。

二、快速测定法

快速测定是借助某种特别的化学试剂与种子中特有成分发生反应来鉴定品种的方法。在许多情况下，这种测定是根据种子中特种酶与化学试剂的反应显色来实现的。如大豆种皮过氧化物酶的显色反应，鉴别小麦种子红、白皮的氢氧化钾和盐酸测定都是肉眼看得清的最明显例子。另外，根据种子或幼苗存在荧光物质、利用紫外光照射可发出可见光的特性，也可

---

❶ Hoagland 1 号培养液是在 1L 蒸馏水中加入 1mL 1mol/L 磷酸二氢钾溶液、5mL 1mol/L 硝酸钾、5mL 1mol/L 硝酸钙溶液和 2mL 1mol/L 硫酸镁溶液。

采用荧光测定。这些测定方法具有快速、简便、成本低，并可用于单粒种子鉴定等优点，如能与其他方法结合应用效果会更好。

（一）大豆种皮过氧化物酶显色法

1. 基本原理

大豆种皮过氧化物酶显色法是根据大豆种皮存在的过氧化物酶活性高低的差异来区分品种的。原理是大豆种皮内具有过氧化物酶，能使过氧化氢分解放出氧，从而使愈创木酚氧化产生红棕色的 4-邻甲氧基酚。由于不同品种过氧化物酶的活性不同，溶液颜色也有深浅之分。

2. 操作程序

取大豆种子 50 粒各两份，剥下每粒种皮分别放入小试管内，加入蒸馏水 2mL，于 30℃浸提 1h，使酶活化，再向每个试管内加入 0.5% 的愈创木酚 10 滴，经 10min 后再向每个试管加入 0.1% 的双氧水 1 滴，经数秒后试管内种皮浸出液呈现颜色可立即鉴别。溶液颜色分为棕红、深红色、橘红色、淡红色、无色等不同等级，可根据不同颜色鉴别本品种和异品种，并计算纯度百分率。

（二）苯酚染色法

1. 基本原理

苯酚染色法是一种快速实用的品种鉴定方法，可应用于小麦、水稻、大麦、黑麦草、早熟禾等品种鉴定。苯酚又称石炭酸，其染色原理是单酚、双酚、多酚在酚酶的作用下氧化成为黑色素。由于每个品种皮壳内酚酶活性不同，可将苯酚氧化呈现深浅不同的褐色。此法已列入 ISTA 品种鉴定手册。

2. 操作程序

（1）小麦　《国际种子检验规程》采用的苯酚染色法是取 100 粒试样两份，浸入清水24h，取出后放在经 1% 石炭酸湿润的滤纸上，经 4h（室温），鉴别种子染色深浅。通常将颜色分为：不染色、淡褐色、褐色、深褐色、黑褐色、黑色等。将与基本颜色不同的种子作为异品种，计算品种纯度。还可用快速法鉴别，即将小麦种子放在 1% 石炭酸液中浸泡15min，倒去药液，将种子腹沟向下置于苯酚湿润过的纸间，盖上培养皿盖，置于 30～40℃培养箱 1～2h，根据染色深浅进行鉴定（图 6-8，彩图见插页）。

（2）水稻　数取 100 粒试样两份，将其浸入清水 6h，倒去清水加入 1% 苯酚溶液浸12h，取出用清水冲洗，然后将其放在吸水纸上经一昼夜，鉴定种子染色程度。谷粒染色分为不染色、淡茶褐色、茶褐色、深茶褐色、黑色五级。此法可以鉴别籼、粳稻，一般籼稻染色深，粳稻不染色或染色浅。米粒染色分为不染色、淡茶褐色、褐色或紫色三级。

（3）早熟禾　数取 100 粒试样两份，分别浸入水中 18～24h，取出置于 1% 苯酚纸间4h，并进行一次观察，到 24h 再进行第二次观察后与对照样品种子比较颜色，进行鉴定，一般分为浅褐、褐色和深褐色。

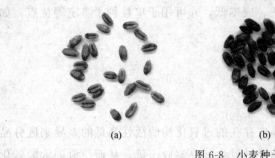

(a)　　　　　　　　　(b)　　　　　　　　　(c)

图 6-8　小麦种子苯酚染色图

（三）高粱种子氢氧化钾-漂白粉测定

1. 基本原理

高粱种子氢氧化钾-漂白粉测定是根据高粱各品种中黑单宁含量不同测定品种纯度。

2. 操作程序

（1）先配制 1∶5 氢氧化钾和漂白粉（5.25%）的混合液（即 1g 氢氧化钾加 5mL 漂白粉溶液）。

（2）种子放入培养皿内，加入氢氧化钾-漂白粉液（测定前应置于室温一段时间）以浸没种子为宜。棕色种皮浸泡 10min，白皮种子浸泡 5min。

（3）浸泡中定时轻轻摇晃使溶液与种子充分接触，然后把种子捞出用水慢慢冲洗，再把种子放在纸上让其气干，待种子干燥后（不能过度干燥，否则会失去色素影响鉴定），记录黑色种子数与浅色种子数。

（四）碱液处理（氢氧化钾或氢氧化钠）

1. 基本原理

十字花科的种和变种可用碱液处理其种子，按浸出液的颜色不同进行鉴别。十字花科的不同种和变种的种皮色素层中的色素物质与不同碱液起反应后浸出液的颜色也有所不同作为鉴定依据。

2. 操作程序

数取 100 粒试样两份，将每粒种子放入直径为 8mm 的小试管中，每管加入 10% 氢氧化钠 3 滴，于 25～28℃放置 2h，然后取出，鉴定浸出液的颜色。该法可用于十字花科的种子真实性鉴定。如结球甘蓝为樱桃红，花椰菜为樱桃至玫瑰色，抱子甘蓝、皱叶甘蓝为浓茶色，油菜、芥菜、芸薹为浅黄色，芜菁为淡色至白色，饲用芜菁为淡绿色。

三、品种鉴定的电泳方法

生理生化鉴定方法是在分子水平上对具有不同遗传特性的种子予以鉴别，包括种子蛋白质电泳、同工酶电泳分析等方法。这两种方法在品种鉴定和纯度检测中得到了广泛应用。

（一）基本知识

1. 电泳及其分类

电泳是指胶体颗粒在电场中向其与自身带相反电荷的电极移动。但目前的小分子（如氨基酸及核苷酸），以及超大分子范围的物体（如染色体、细胞器、病毒、细胞等）在电场影响下的移动也称为电泳。电泳是一种在电场作用下，用以分离带电颗粒的技术。

电泳按支持介质分为纸电泳、淀粉凝胶电泳、琼脂糖电泳和聚丙烯酰胺凝胶电泳。淀粉用作介质，具有易成形、对蛋白质吸附少、样品易洗脱、电渗作用低、分离效果好、无毒、不污染环境的优点，但稳定性和重演性较差。琼脂糖凝胶孔隙大，一般适用于核酸大分子。聚丙烯酰胺凝胶极其稳定，微生物不易分解，热稳定，重演性强，分离效果好，灵敏度高，制备方便等，是一种较为理想的电泳材料，被广泛应用于蛋白质和酶的电泳分离。

电泳按分离技术可分为圆盘电泳、水平板电泳和垂直板电泳等，其中垂直板电泳分离效果最好，适于分析比较不同样品电泳谱带的差异。因为各个样品处于环境几乎完全均匀一致的胶板上，样品用量少，谱带不易扩散，并且易于比较各蛋白组分的迁移速度和迁移距离。

根据分子分离原理，电泳可分为聚丙烯酰胺凝胶电泳（分子筛效应和电荷效应）、十二烷基磺酸钠聚丙烯酰胺凝胶电泳（分子筛效应）、等电聚焦电泳（电荷效应）。

根据凝胶浓度和缓冲液连续性，电泳可分为线性梯度电泳和均匀梯度电泳、连续和不连续电泳。

根据缓冲体系的酸碱性，电泳可分为酸性、中性、碱性缓冲系统。

根据电泳方向，电泳可分为单向电泳和双向电泳两种类型。

2. 电泳分离的原理

蛋白质由数条氨基酸长链构成，而氨基酸为两性电解质，含有带正电碱基 $R-CH(NH_3)^+$ 和带负电羧基 COO^- 分子，众多蛋白质中发现约有 20 种氨基酸。它们之间主要表现为包含 R—部分的化学基团的类型差异。一些 R—基团能被离子化，它们能带上电荷，即在酸性溶液中，解离出 NH_3^+，蛋白质分子带较多正电荷；在碱性溶液中，解离出 COO^-，蛋白质分子带较多负电荷。一般来说，某种蛋白质上的氨基酸排列顺序和氨基酸数目（即蛋白质的分子量）都是确定的。换言之，个体遗传物质的成分决定了其蛋白质组成。成千上万不同类型的蛋白质独具各自唯一的氨基酸顺序。正因为如此，加上氨基酸链长度的变化，各蛋白质所带的电荷及其分子大小各不相同。电泳分离就是利用这些参（变）数来进行的。

不同分子大小和不同电荷蛋白质混合溶液放在凝胶的顶部，贯穿凝胶这一个电场，那么，蛋白质就会因带电荷而开始移动。它们移动的速率主要取决于两个因素：首先，带高电荷的分子比那些带低电荷的移动得更快；其次，移动速率取决于分子的大小。凝胶如一把多孔的"筛子"，这些"筛子"起着分子筛的作用，以致小分子能方便地通过，而那些接近孔径大小的较大分子则受到阻滞，因此移动缓慢。这样蛋白质混合物就被分离成一些不连续的谱带。经过这样的电泳分离后，蛋白质谱带就停留在凝胶板上，肉眼是看不见的，通过染色剂染色，则显出谱带。另外，分离原理还有电位差、pH 梯度变化等。

（1）种子中蛋白质种类　蛋白质按其溶解性不同，可分为四种类型。

① 清蛋白　也叫白蛋白，这种蛋白质能溶于水，因此可以用水提取，包括大多数酶蛋白。品种间清蛋白的多态性丰富，可用于品种鉴定。

② 球蛋白　这种蛋白质微溶于水而能溶于稀盐溶液，主要存在于与膜结合的蛋白体中，严格概念上也称为贮藏蛋白，在豆类种子中含量丰富。目前，我国作为标准应用的玉米种子盐溶蛋白电泳鉴定就是根据球蛋白的电泳谱带区分品种，进行纯度鉴定的。

③ 醇溶蛋白　这种蛋白质不溶于水而能溶于醇类水溶液，也是真正的贮藏蛋白。《国际种子检验规程》中鉴定小麦和大麦品种的聚丙烯酰胺凝胶电泳标准方法在国际上广泛应用，就是利用种子的醇溶蛋白的电泳谱带进行品种鉴定。

④ 谷蛋白　这种蛋白质不溶于水、醇和中性盐溶液，但能溶于稀碱和稀酸溶液中。这种蛋白主要是结构蛋白或贮藏蛋白，有些还具有代谢功能。

这四种蛋白质的分子结构、大小与性质不同，每种蛋白质在作物之间、品种之间也可能存在差异（如小麦、大麦、玉米、黑麦等谷类种子含有较高比例的醇溶蛋白，而燕麦、水稻等种子则以球蛋白为主；豆类种子，如菜豆、豌豆等种子含有较高水平的球蛋白）。品种之间的这种差异越明显，对品种的鉴定越准确，每种蛋白质在品种之间的多态性（以多种不同的分子形式存在）越丰富，适于鉴定的品种范围越广。但并不是某种蛋白质在所有品种之间都有区别，在利用蛋白质电泳鉴定品种时要确定品种之间哪类蛋白质存在差异，然后根据它进行电泳鉴定。

（2）同工酶的结构和分类

① 同工酶的结构　酶蛋白是由很多氨基酸按一定的顺序排列而形成的一条多肽链。在同一生物有机体的同一器官，甚至同一细胞里，某些酶虽然具有相同的催化活性，但是它们之间分子的氨基酸顺序却有相当大的差异。因此，在酶学上把这种催化活性相同而分子结构不同的酶称为同工酶。

目前植物中已经发现45种以上的同工酶，主要有氧化还原酶类、转移酶类、水解酶类、连接酶类和异构酶类等，如酯酶、过氧化物酶等。

② 同工酶分类　Markert（1978）把同工酶分为两类：单基因决定同工酶，但其氨基酸序列上存在差异，如水稻芽鞘颜色控制的酯酶同工酶；后成同工酶，这种酶在翻译后再经修饰而产生同工酶。

Whitt（1967）也把同工酶按其结构分为两类：单体同工酶，这是指一条多肽链组成的酶；多体同工酶，这是指由多条肽链组成的酶。在多体同工酶中，按其初级结构的同异，又可分为同质多体同工酶（同聚体）和异质多体同工酶（异聚体）。

（3）蛋白质（同工酶）分离原理　电泳分离是根据样品浓缩效应、分子筛效应和电荷效应三种物理效应进行样品提取液混合物分离的。

① 样品的浓缩效应　样品在电泳开始时，首先其蛋白质得以浓缩，这一现象称为样品的浓缩效应。按作用不同，凝胶可分为两种。

a. 浓缩胶　为大孔凝胶，有防止对流作用。样品在其中浓缩，并按其迁移率递减的顺序逐渐在其与分离胶的界面上积聚成薄层。

b. 分离胶　为小孔凝胶，样品在其中根据电荷效应和分子筛效应进行分离，也有防止对流作用。

蛋白质（同工酶）分子在浓缩胶中移动受到的阻力小，移动速度快。进入分离胶时阻力加大，移动速度减慢。由于凝胶层的不连续性，因此在浓缩胶与分离胶的交界处样品浓缩成狭窄的区带，使不同组分以相同的起点进入分离胶进行分离，可以达到更好的分离效果。

② 分子筛效应　分子量或分子大小和形状不同的蛋白质（同工酶）通过一定孔径的分离胶时，受到的阻力不同，因此表现出不同的迁移率，在电泳凝胶上被分开，即所谓的分子筛效应。即使净电荷相似，也就是说自由迁移率相等的蛋白质分子，也会由于分子筛效应在分离胶被分开。

③ 电荷效应　蛋白质（同工酶）混合物在凝胶界面处被高度浓缩，堆积成层，形成一狭小的高浓度蛋白质（同工酶）区，但由于每种蛋白质（同工酶）分子所带的有效电荷不同，因而迁移率不同。带有效电荷多的泳动速度快，反之则慢。因此，各种蛋白质（同工酶）根据所带电荷的多少在分离胶中被分离而形成不同谱带。

蛋白质可以看成是编码它的基因的标记。不同品种的种子因其遗传基础不同，因而合成的蛋白质种类和数量不同，电泳分离后所形成的谱带也不同，与对照（标准）品种比较后可判断出其他品种的种子数量，最终达到鉴定种子纯度的目的。

（4）聚丙烯酰胺凝胶的聚合原理　作为电泳支持物的聚丙烯酰胺凝胶是由丙烯酰胺（Acr）和 N,N-亚甲基双丙烯酰胺（Bis）在催化剂作用下聚合而成的三维网状结构的凝胶。与其他凝胶相比，它机械强度好，有弹性，透明，化学性质相对稳定，对 pH 和温度变化比较稳定，在很多溶剂中不溶解，属于非离子型，没有吸附和电渗现象，通过改变其浓度和交联度，可控制凝胶孔径在较大的范围内变动，并且制备凝胶重演性好，因此被广泛应用。聚丙烯酰胺凝胶可以由化学聚合形成，也可以由光聚合形成。

① 化学聚合原理　化学聚合的催化剂通常多采用过硫酸铵（缩写 APS），此外还要有一种脂肪族叔胺作为加速剂，最有效的是四甲基乙二胺（TEMED）或过氧化氢（H_2O_2）。APS 和 TEMED 为催化剂引发聚合的原理是：APS 溶于水中产生自由基，自由基活化 TEMED 使之成为带有不成对电子的活化分子。活化的 TEMED 与丙烯酰胺或 N,N-亚甲基双丙烯酰胺分子结合时能转移自由基使之活化。活化的丙烯酰胺或 N,N-亚甲基双丙烯酰胺分子以同样的方式活化其他的丙烯酰胺或 N,N-亚甲基双丙烯酰胺分子并与之结合。这样不断反应下去，直至所有丙烯酰胺和 N,N-亚甲基双丙烯酰胺分子结合在一起为止。在上述反应中如果只有丙烯酰胺，那么分子之间相互首尾连接只能形成长链，不能形成凝胶。N,N-亚甲基双丙烯酰胺是由两个丙烯酰胺分子靠 N,N-亚甲基连接形成，在上述反应中它可以将聚合形成的丙烯酰胺长链横向连接起来，最终形成立体的网状结构。这样按一定比例的 Acr 和 Bis 在 APS 和 TEMED 的催化下就形成一种具有多孔、多分枝而又相互连接的聚丙烯酰胺凝胶。

过氧化氢溶于水也可以形成自由基，同样可以引发丙烯酰胺和 N,N-亚甲基双丙烯酰胺分子聚合形成凝胶，适合于酸性凝胶聚合，聚合速度快，不易掌握，要求低温保存，用量适当，操作快速。

在化学聚合中，聚合速度会受到一些因素的影响：随着催化剂 APS 或 TEMED 用量增加，聚合加快，时间缩短；TEMED 只有处于自由碱基状态下才有效，所以高 pH（碱性）可加速聚合，低 pH（酸性）时，则延缓聚合；O_2 分子存在会阻止链的形成而妨碍聚合作用的进行，因此分离胶表层需加水层隔离 O_2；温度高，则聚合快，温度低则聚合慢；有些金属也会抑制聚合作用。

② 浓缩胶的光聚合原理 光聚合通常用核黄素为催化剂，不加四甲基乙二胺（TEMED）也能聚合，但加入 TEMED 后则可加速聚合。

光聚合通常需要有痕量氧存在，核黄素经光解形成无色基。后者被氧再氧化形成自由基，从而引发聚合作用。但是过量的氧会阻止链长的增加，应该避免过量的氧存在。

光聚合通常用日光灯或普通钨丝灯泡作光源，直接日光或室内强散射光也可以。但是日光照射时间过长，则会使凝胶变性，而影响分离效果。

影响光聚合的主要因素如下。

a. 光照强度 一般光强度大，则聚合加快，但强光照射时间过长，会使凝胶变性。在室内可在 30～80W 日光灯下 30～60min 聚合，也可在太阳光下经 5～10min 聚合。

b. 温度 温度高则聚合加快；温度低则聚合慢。

c. 氧 少量氧存在有利聚合，但过量的氧会妨碍链长的增加和形成，因此应避免过量氧的存在。

聚丙烯酰胺凝胶孔径的大小依据被分离物相对分子质量大小确定，通过凝胶浓度 T 和交联度 C 进行调节。

一般种子中蛋白质和同工酶的相对分子质量范围为 $(1～5)×10^5$，通常使用 7%～10% 浓度的凝胶。

（二）鉴定品种常用电泳方法

电泳技术鉴定品种纯度的基本原理是基于品种间蛋白质（同工酶）种类和数量的差异。这种差异事实上反映的是品种间编码基因的不同。因此分析蛋白质或同工酶的差异就是根据基因的表达产物来分析品种的遗传差异。

《1996 国际种子检验规程》已将鉴定小麦和大麦品种醇溶蛋白聚丙烯酰胺凝胶电泳标准方法、鉴定豌豆属和黑麦草属的 SDS-聚丙烯酰胺凝胶电泳标准方法、超薄层等电聚焦电泳测定玉米杂交种种子纯度的标准方法列入规程，在全世界推广应用。我国也将鉴定小麦和大麦品种醇溶蛋白聚丙烯酰胺凝胶电泳标准方法（国际规程）列入《农作物种子检验规程》(1995)。我国自行研究的《玉米种子纯度盐溶蛋白电泳鉴定方法》也列入我国农业行业标准（NY/T 449—2001），并于 2001 年 11 月实施，在国内推广应用。

1. 蛋白质电泳方法

该方法是利用电泳进行品种鉴定和纯度分析的一种技术。由于不同品种遗传组成不同，其蛋白质在种类、数量、大小及结构等方面也不同，通过电泳形成不同的蛋白质谱带，从而鉴别品种的真实性和纯度。这就是通常所说的品种"生化指纹"。

我国自行研究的玉米种子盐溶蛋白聚丙烯酰胺凝胶电泳方法是目前鉴定玉米品种及纯度的一种行之有效的新方法。该方法适用于玉米单交种及亲本的品种真实性和品种纯度鉴定。

(1) 原理 从玉米种子中提取的盐溶蛋白在聚丙烯酰胺凝胶的浓缩效应、分子筛效应和电泳分离的电荷效应作用下进行分离，通过染色显示蛋白质谱带类型。不同玉米品种由于其遗传组成不同，种子内所含的蛋白质种类有差异，这种差异可利用电泳图谱加以鉴别，从而对种子品种真实性和品种纯度进行鉴定。

（2）仪器设备及试剂　电泳仪（500V±5V连续可调、0～400mA连续可调、额定输出功率200W）、垂直板夹心式电泳槽、单粒粉碎器、天平（感量0.01g、0.001g、0.0001g各一台）、酸度计、磁力搅拌器、高速离心机（5000r/min以上）、电冰箱、电炉、离心管（1.5mL）、离心管架、移液管（10mL、5mL、2mL各两支）、微量进样器（5～100μL）、恒温箱等。试剂有丙烯酰胺、N,N-亚甲基双丙烯酰胺、乳酸、乳酸钠、甘氨酸、抗坏血酸、硫酸亚铁、氯化钠、蔗糖、甲基绿、三氯乙酸、过氧化氢、考马斯亮蓝R250、无水乙醇、正丁醇、丙三醇等（所用试剂均为分析纯，所用水均为去离子水）。

（3）溶液配制　《玉米种子盐溶蛋白聚丙烯酰胺凝胶电泳》工作液配制见表6-3。

表6-3　《玉米种子盐溶蛋白聚丙烯酰胺凝胶电泳》工作液配制

序号	溶液名称	配制比例	注意事项
1	电极缓冲液的配制	称取甘氨酸6.00g，倒入2000mL烧杯中，加入1800mL去离子水溶解，用乳酸调pH=3.3，再加去离子水定容至2000mL，混匀	
2	样品提取液的配制	称取氯化钠5.80g，蔗糖200.00g，甲基绿0.15g，倒入1000mL烧杯中加去离子水800mL溶解，加热至微沸，放至室温，再用去离子水定容至1000mL	在4℃条件下保存
3	分离胶缓冲液的配制	取1.43mL乳酸钠于1000mL烧杯中，加去离子水980mL溶解，用乳酸调至pH=3.0，再加去离子水定容至1000mL	贮于棕色瓶中，在4℃条件下保存
4	分离胶溶液配制	称取丙烯酰胺112.5g，N,N-亚甲基双丙烯酰胺3.75g，抗坏血酸0.25g，硫酸亚铁8.0mg，用分离胶缓冲液溶解，再用分离胶缓冲液定容至1000mL	过滤于棕色瓶中，在4℃条件下保存（不超过14d）
5	浓缩胶缓冲液配制	取0.30mL乳酸钠于200mL烧杯中加90mL去离子水溶解，用乳酸调至pH=5.2，再加去离子水定容至100mL	贮于棕色瓶中，在4℃条件下保存
6	浓缩胶溶液配制	称取丙烯酰胺6.00g，N,N-亚甲基双丙烯酰胺1.00g，抗坏血酸0.03g，硫酸亚铁0.8mg，用浓缩胶缓冲溶液溶解，再用浓缩缓冲液定容至100mL	贮于棕色瓶中，在4℃条件下保存
7	3%的过氧化氢溶液配制	取30%的过氧化氢1mL，加9mL去离子水	贮于棕色瓶中，在4℃条件下保存（最好现用现配）
8	染色液配制	称取考马斯亮蓝R250 2.00g，在研钵中用100mL无水乙醇研磨溶解，过滤于棕色瓶中。取10mL该溶液，加入到200mL的10g/100mL三氯乙酸溶液中，混匀	

（4）电泳操作

① 样品制备　按GB/T 3543.2—1995的要求，从送验样品中随机分取玉米种子至少100粒，用单粒粉碎器粉碎，放入1.5mL离心管中。用滴管加入与样品体积相同的样品提取液，摇匀，放置5min后，再摇一次，30min后，用离心机离心（5000r/min）15min，取上清液用于电泳。

② 胶室制备　将预先洗净晾干的玻璃板装入胶条中，然后把胶条固定在垂直电泳槽内，保持水平，短板向正极，拧紧螺栓，备用。

③ 封底缝　根据电泳槽大小，取适量分离胶溶液于烧杯中。用微量进样器加入适量3%的过氧化氢溶液（一般每5mL分离胶溶液加20μL3%的过氧化氢溶液），迅速摇匀，并从长

玻璃板外侧沿玻璃板倒入，振动电泳槽 3 次，放平。

④ 灌分离胶　底缝封住后，用滤纸条插入两玻璃板之间，吸去因聚合而析出的水。量取分离胶溶液适量，加入 3％过氧化氢溶液（一般 15mL 分离胶溶液加 3％的过氧化氢 20μL），迅速摇匀，倾斜电泳槽，将分离胶溶液倒入两玻璃板之间，高度距短玻璃板上沿 1.2cm。放平电泳槽并在试验台上振动 3 次后，迅速加入适量的正丁醇封住胶面。待凝胶聚合后，吸出分离胶表面上的正丁醇，并用去离子水冲洗胶面 3 次，用滤纸吸干。

⑤ 灌浓缩胶　量取浓缩胶溶液适量，加入 3％的过氧化氢溶液（一般每 5mL 浓缩胶溶液加 3％的过氧化氢溶液 40μL），迅速搅匀，倒入两玻璃板之间，马上插好样品梳，样品梳底部距分离胶顶部 0.5cm。

⑥ 点样　浓缩胶聚合后，拔出样品梳并将样品槽清理干净。用微量进样器在每个样品槽中加入不同籽粒的样品上清液 15μL，每点一粒后，都要用去离子水冲洗进样器 3 次。

⑦ 电泳　加样完毕后，倒入电极缓冲液，上槽电极缓冲液面要高于短玻璃板，下槽电极缓冲液面要高于铂金丝。将电源线正极接上槽，负极接下槽。接通电源，采用 500V 稳压进行电泳，待甲基绿指示剂下移至胶底部边缘时，关闭电源。

⑧ 卸板　倒出电极液，从电泳槽内取出胶室，卸下胶条，启开玻璃板，取出胶片，浸入染色液中。在 30℃恒温下染色 2～4h，然后取出胶片，用 0.5％的不加酶洗衣粉水洗净。

（5）结果计算

① 电泳测定值计算　待整个供检样品电泳结束后，在观片灯上鉴定胶片上电泳谱带的特征和一致性，计数供检样品粒数和非本品种粒数，并按下式计算电泳测定值 X。

$$X = \frac{供检样品粒数 - 非本品种粒数}{供检样品粒数} \times 100\%$$

② 样品纯度值计算　将电泳测定值 X 代入下式回归方程，计算出样品纯度值 Y，再将 Y 与 GB/T 4404.1—1996 中的纯度值进行比较，判定样品是否合格。

$$Y = 52.9 + 0.416X$$

这种蛋白质电泳是目前国内鉴别玉米种子品种真实性和品种纯度时广泛使用的方法，主要是因为蛋白质提取容易，操作简单，费用较低，无须低温，所用时间短，成分数量稳定，不受外界环境条件影响，不受种植区域和土壤条件的限制，测定结果具有较高的准确性和广泛的应用性。但蛋白质是基因表达的产物，不能完全显示品种间的多态性，对一些亲缘关系较近的亲本材料配成的杂交种不容易鉴别。

2. 同工酶电泳分析技术

作物的不同品种由于其遗传组成不同，同工酶的种类、数量、大小也有差异，因此可以通过电泳形成不同的酶谱，从而鉴定品种的真实性和纯度。可利用的酶系有酯酶同工酶、过氧化物同工酶、亮氨酸同工酶、磷酸酶同工酶等。最常用的是酯酶同工酶和过氧化物同工酶。同工酶电泳的主要步骤有试剂配制，酶样品提取，电泳槽胶模封口，分离凝胶制备，浓缩胶制备，进样，电极缓冲液的配制，电泳，取剥凝胶，酶电泳图谱的染色，酶谱的综合分析与品种鉴定。同工酶电泳分析技术在鉴别作物品种上得到了广泛应用，但也有不足，对于亲缘关系较近的亲本材料配成的杂交种难以鉴别，在应用时要保持较低的温度防止酶失去活性。

酯酶同工酶电泳鉴定玉米品种纯度的程序如下。

① 材料选用玉米干种子、吸胀种子或幼苗。

② 仪器设备和试剂 电泳仪、电泳槽、离心机、离心管、感量0.001g的电子天平或分析天平、样品钳或单粒种子粉碎器、存放试剂的广口瓶、移液管及移液管架、吸耳球、滴瓶、微量进样器、注射器、研钵等。丙烯酰胺、N,N-亚甲基丙烯酰胺、Tris、柠檬酸、过硫酸铵、TEMED、甘氨酸、冰乙酸、醋酸-α-萘酯、坚牢蓝RR盐、磷酸氢二钠（$Na_2HPO_4 \cdot 12H_2O$）、磷酸二氢钠（$NaH_2PO_4 \cdot 2H_2O$）、溴酚蓝、丙酮。所用的化学试剂都应是分析级或更好的等级。

③ 溶液的配制 工作液的配制见表6-4。

表6-4 工作液的配制

序号	溶液名称	配制说明	注意事项
1	样品提取液	称取20g蔗糖，加入无离子水，定容至100mL	低温保存
2	电极缓冲原液（1000mL）	称取1.24gTris，0.4g甘氨酸，加去离子水，定容至1000mL	
3	0.1%溴酚蓝水溶液	称取溴酚蓝0.01g，溶于10mL去离子水中	
4	凝胶缓冲液	称取7.75gTris，0.5g柠檬酸，加去离子水定容至500mL	
5	分离胶贮液	称取丙烯酰胺36.5g，亚甲基双丙烯酰胺1.0g，加凝胶缓冲液定容至500mL	低温保存
6	浓缩胶贮液	称取丙烯酰胺10.0g，亚甲基双丙烯酰胺2.48g，加去离子水定容至500mL	低温保存
7	0.4%过硫酸铵水溶液	称取过硫酸铵0.04g，溶于10mL去离子水中	避光保存
8	TEMED	原液	避光保存
9	磷酸缓冲液	称取磷酸氢二钠（$Na_2HPO_4 \cdot 12H_2O$）1.9g，磷酸二氢钠（$NaH_2PO_4 \cdot 2H_2O$）2.3g，加去离子水至200mL	
10	酯酶染色液	称取0.2g醋酸-α-萘酯，放入小烧杯，加少许丙酮溶解后倒入200mL磷酸缓冲液中，再称取0.2g坚牢蓝RR盐倒入，搅拌使之完全溶解	染色液现用现配
11	过氧化物酶染色	过氧化物酶染色有不同方法，但以联苯胺-过氧化氢溶液染色效果较好。配制方法是先称取2g联苯胺溶解于18mL冷乙酸，再加入72mL的去离子水，得到1号溶液。再将过氧化氢稀释成3%的2号溶液	

注：配制试剂需用去离子水或蒸馏水。

④ 凝胶的配制 分离胶和浓缩胶的配制见表6-5。

表6-5 凝胶配比表 mL

溶液	分离胶	浓缩胶	溶液	分离胶	浓缩胶
凝胶缓冲液		6	0.4%过硫酸铵水溶液	0.5	0.2
分离胶贮液	35		TEMED原液	0.1	0.02
浓缩胶贮液		2			

⑤ 同工酶电泳操作程序见表 6-6。

表 6-6　同工酶电泳操作程序

序号	程序名称		配 制 说 明
1	样品提取		取清洁干燥的 1mL 聚丙烯离心管,分别插入合适的试管架圆孔内。如果是干种子,取单个种胚用粉碎器或研钵磨碎,每粒种子的磨碎物放入一个离心管,然后加入样品提取液约 0.5mL;如果是吸胀种子则先取种胚,放入研钵,加约 0.5mL 提取液,磨碎后倒入离心管。幼苗中酶的提取与吸胀种子相同。提取液稍沉淀或离心即可点样
2	胶室制备		先将玻璃板装入橡胶封条,然后插入有机玻璃制成的电泳槽中,拧紧螺栓,固定好成胶模。取分离胶贮液适量(每块板约 5mL),按表 6-5 比例配制加入催化剂,摇匀后迅速倒入封口处,稍加晃动,使整条缝口充满胶液,让其在 5~10min 聚合
3	灌制分离胶		取分离胶贮液适量(每块板 17~18mL),按表 6-5 比例配制加入催化剂,摇匀后迅速倒入做好的胶室。胶液表面距玻璃板上沿 1.0~1.5cm 为宜
4	灌制浓缩胶并插入样品梳		待分离胶聚合后(胶面上出现一薄层水),用注射器或滤纸吸去表面的水,按上表比例配制浓缩胶适量(每块板 3~4mL)倒在分离胶上面,并迅速插入样品梳。浓缩胶在 5~10min 内可聚合
5	点样		在点样前,小心平衡地拔出样品梳,用滤纸吸去多余的水分,然后用微量进样器吸取酯酶提取液点样。一般每个种子加样 10~20μL
6	电泳		将电极缓冲液分别倒入电泳槽的上、下槽,要确保上、下槽电极能连通,在上槽中加入溴酚蓝指示剂 1~2 滴。接好电极引线,上槽接负极,下槽接正极,然后打开电源,调节电流使每块板在 20mA 左右,要求在 15~20℃温度下进行电泳,待指示剂移动至距离玻璃下沿 1cm 左右时关闭电源,结束电泳。电泳过程需 1.5~2h
7	固定染色	酯酶染色	卸去橡胶条,小心地剥下凝胶,切去浓缩胶,然后浸入染色液固定并染色 30min 左右,待谱带清晰后从染色液中取出,用自来水冲洗后进行鉴定。
		过氧化物酶染色	卸去橡胶条,小心地剥下凝胶,切去浓缩胶,染色时,按 1 号液:2 号液:水 = 4:1.6:76 的比例配成染色液进行染色,在室温下很快显现天蓝色谱带,然后变成褐色谱带
8	鉴定		根据不同个体之间谱带的差异,对照标准谱带进行品种纯度鉴定
9	保存		用 7% 醋酸液保存。也可制成干胶板或装在聚乙烯薄膜袋里在 4℃冰箱内保存数个月而不变质

(三) 电泳图谱的鉴定

(1) 电泳图谱的分类

① 根据谱带特征、血缘关系和鉴别方法可将电泳谱带分为以下几种。

a. 公共带(共同带)　是指同种同属的不同品种由于其起源进化的历史和生态条件相同,具有数目不等的相同谱带。如果能确定哪些是公共带,那么鉴定品种时,可以不用鉴定这些谱带,从而简化鉴定步骤。

b. 特征谱带(指示谱带或标记谱带)　指不同品种之间所存在的稳定的可明确鉴别、可靠区分的遗传谱带,如互补型谱带和杂种型谱带等。如经过若干次电泳,并在不同实验室能重演,能明确可靠地鉴别,那么在鉴定品种时,只要检查鉴别这些谱带就能鉴别品种。

② 按杂交种的谱带特征进行分类　周展明等人(1992)根据杂交种与其父、母本之间谱带的关系,将玉米蛋白质电泳谱带分为互补型、偏亲型和新谱带型三种类型。

杂交种和亲本的电泳谱带有以下几种关系（图 6-9）。

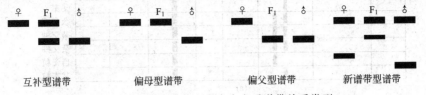

图 6-9　玉米杂交种和亲本自交系谱带关系类型

a. 互补型谱带　在杂交种中某两条谱带或数条谱带，一条来自母本，另一条来自父本。这种类型的谱带在所有杂交种中均会出现。

b. 偏母型谱带　在杂交种中只有与母本相同的谱带。

c. 偏父型谱带　在杂交种中只有与父本相同的谱带。

d. 新谱带型谱带　在杂交种中出现一条或数条在双亲中均没有的谱带，也可称为杂种带型。

在电泳图谱鉴定时，不同品种的电泳谱带不同。在有互补谱带存在的条件下，如果同时出现了父母本所没有的谱带可判为亲本不纯引起的差异；如果互补谱带的两条有其中之一缺少，则为自交粒；如果整个带型与本品种有较大差异，则为杂交粒。当前生产中推广的杂交种电泳谱带多为互补型，有少量偏母型，偏父型和新谱带型谱带很少见。

这几种谱带类型都是纯合的自交系间的杂交种，谱带整齐一致。对于亲本为非纯正自交系的杂交种如三交种、双交种和改良单交种的谱带鉴定则不能套用以上模式，否则鉴定结果与种子的实际纯度都有明显出入。这几种类型的杂交种可以参照 ISTA 鉴定不同类型杂交玉米的蛋白质电泳图谱进行鉴定（图 6-10）。

③ 按电泳迁移的快慢可将电泳谱带分为以下三类。

a. 快带　是由于分子小、形态光滑、电荷较多，在电泳场中泳动最快、跑在前面的谱带。通常用英文字母 F 表示。

b. 慢带　是由于分子较大、形状不规则、带电荷较少，在电泳场中泳动最慢、跑在后面的谱带。通常用英文字母 S 表示。

c. 中带　是指在电泳场中泳动时，介于快带与慢带中间、泳动速度中等的谱带。通常用英文字母 N 表示。

（2）电泳图谱的鉴定　不同品种的电泳图谱可按其谱带的数目、R_f 值、宽窄、颜色及其深浅等加以鉴别。

① 谱带数目　不同品种之间的电泳谱带数目不同。如图 3-48 所示，玉米杂交种丹玉 13 号具有两条互补型过氧化物同工酶谱带，而其母本自交系 Mo17^{Ht} 和父本 E28 只有一条特征谱带。

② 谱带位置（R_f 值）　不同品种的谱带数目可能不同。如图 6-11 所示，玉米杂交种丹玉 13 号的父本 E28 和母本自交系 Mo17^{Ht} 都有一条特征谱带，但这条谱带的位置不同，父本 E28 具有 R_f 值为 0.212 谱带，而母本自交系 Mo17^{Ht} 则具有 R_f 值为 0.202 谱带，很容易鉴别。

③ 谱带的宽窄　从大量研究中发现，电泳图谱中不同品种之间谱带有宽窄之分

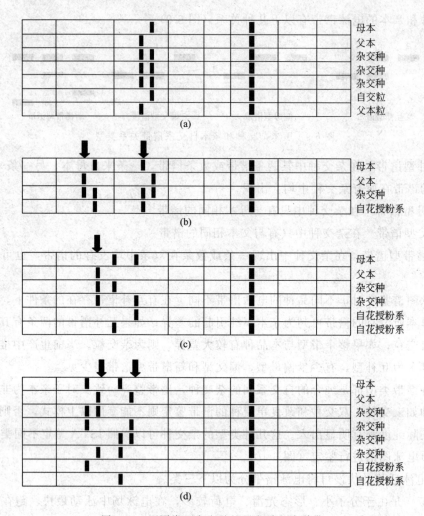

图 6-10　不同类型杂交种的蛋白质电泳谱带

（a）父本存在标记谱带而母本则缺少标记谱带；（b）鉴定单交种、杂交种，只有一条特征谱带，而其他谱带是来自自花授粉系（同母本相同谱带类型）或来自混杂品种；（c）鉴定三交种，母本自交系，按照 Mendalian 规则，可能出现两种类型谱带类型，但大多数品种仅出现一种类型；（d）鉴定双交种、杂交种出现两种谱带类型。按照及其亲本谱带类型 Mendalian 规则，可能出现 4 种谱带类型

（图 6-11）。

④ 谱带浓度深浅　从大量研究中发现，电泳图谱中不同品种之间由于基因的剂量效应，谱带颜色有深浅之分（图 6-11）。

⑤ 谱带颜色　从研究中发现，经显色后电泳图谱中的谱带颜色有差异。如淀粉酶同工酶经显色后，α-淀粉酶显示白色透明条带，β-淀粉酶显示粉红色条带，R-淀粉酶显示浅蓝色条带，Q-淀粉酶显示红色或褐色条谱。大麦和小麦种子醇溶蛋白电泳谱带的颜色也有天蓝色和红蓝色的区别。

（四）电泳图谱的保存

电泳图谱的保存有很多方法，如短期保存可放在水或 7% 的冰乙酸水溶液中，长期保存

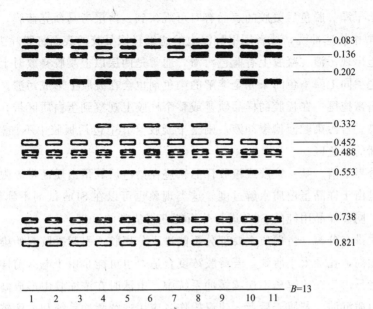

图 6-11　玉米杂交种及其亲本自交系幼苗第一叶过氧化物同工酶电泳描绘图谱

1—齐 302 号；2—浙单 9 号；3—E28 号；4—丹玉 13 号；5—Mo17Ht；

6—丹玉 15 号；7—自 340 号；8—掖单 13 号；9—478 号；10—掖单 12 号；11—515 号

可制成干板保存，也可以拍照保存，还可以用扫描仪扫描后保存在计算机中。

应注意的是，电泳测定时，在混杂率不同的情况下，为保证测定结果的可靠性所需要的样本粒数不同，具体可见表 6-7。

表 6-7　电泳所需样品数量（粒数）

概率水平	混杂率/%								
	0.1	1	5	10	15	20	25	30	35
0.99	4600	458	90	44	28	21	16	13	11
0.95	3000	298	58	28	18	13	10	8	7
0.90	2300	228	45	22	14	10	8	6	5

（五）电泳时可能出现的问题及处理方法

（1）凝胶不聚合　不能聚合通常可能是由于凝胶混合液中漏加某一试剂（尤其是催化剂），也可能是试剂不纯或放置时间太长而失效。最简单的补救办法是弃去溶液并用纯合有效试剂重新配制一批新鲜溶液。高浓度的巯基试剂也能抑制聚合作用。

（2）凝胶聚合太快或太慢　按照理想的凝胶聚合时间、过程，为获得均一浓度的凝胶，聚合作用通常应在 10～30min 内发生。纠正聚合过快或过慢的最容易的方法是改变聚合催化剂的浓度，也可以通过温度来控制聚合速度。

（3）凝胶龟裂　凝胶龟裂通常只在高浓度凝胶上发生，常常是由聚合反应本身产生过量的热引起，可以用冷溶液来补救。电泳时凝胶发生龟裂，是由于输入的电流过大从而使凝胶过热引起，可以用较小的电流在较长的时间内电泳来弥补。

（4）染色不佳　考马斯亮蓝染色后凝胶呈现金属光泽，通常是因为溶剂蒸发后使染料在凝胶的该部位上干燥。脱色后凝胶的表面有时可观察到一薄层考马斯亮蓝膜，此时可以将凝胶浸入 50％甲醇中快速冲洗，或者用甲醇浸泡的滤纸轻擦凝胶的表面将膜除去。

（5）凝胶上出现污渍　凝胶上有蓝色污渍，通常是两层以上凝胶叠放时上下凝胶中染色谱带留下的印记。同工酶染色时未完全溶解的染色剂也会在凝胶上形成污渍。

（6）电泳谱带拖尾　在板胶的样品轨迹或整个柱胶上观察到蛋白质区带，可能是由于样品缓冲液被污染。若污染贮液槽缓冲液，则整个凝胶（其中包括板胶中不加样品的样品槽）均出现连续不断的染色区。

（7）谱带分界不清　某一柱胶或板胶样品轨迹在染色后其蛋白质区带界限不明显且染色后的本底高，是由于样品蛋白质水解过度。这类现象也可以在 SDS 试剂不纯和 SDS 不连续系统中观察到。同一样品用纯的 SDS 进行分析能获得清晰的区带。

（8）蛋白质没有分离　蛋白质主要部分不能进入分离胶，引起凝胶起始染色带加深，可能是凝胶浓度太高，孔径太小所致。若凝胶浓度合适，也可能是由于电泳前样品中的蛋白质凝聚引起，或者是由于在非解离不连续缓冲系统中，电泳时在浓缩胶中形成高浓度的蛋白质区带而引起蛋白质沉淀。若属于后者，建议操作者应用连续缓冲系统和浓度较低的样品。

（9）谱带运动轨迹不直　在正常情况下，蛋白质或同工酶在电场作用下，直线泳动而形成正常的谱带，但是由于凝胶浓度不均匀，存在气泡和温度太高等因素的影响而可能形成弯曲的谱带。

（10）加样后不能在样品槽底形成一层样品层　这表明样品缓冲液中偶然遗漏加蔗糖或甘油，或者是由于样品梳齿未能与玻璃板贴紧，结果凝胶在梳齿和玻璃板间聚合而影响载体。后一问题的补救是用一个更适宜的样品梳，若时间不长则可利用一只连接水泵的注射器，迅速从样品槽中除去过量的凝胶。

四、田间小区种植鉴定

田间小区种植鉴定是将种子样品按照要求种植到田间（大田或温室），根据幼苗和植株的形态鉴定种子纯度的方法。在种子繁殖和生产过程中，监控品种是否保持原有的特征特性或符合种子质量标准要求的主要手段之一就是进行田间小区种植鉴定。我国现行的强制性种子质量标准明确规定了品种纯度指标，而田间小区种植鉴定在今后的一定时期内仍是商品种子品种纯度鉴定的唯一认可的标准方法。

1. 小区种植鉴定的目的

小区种植鉴定的目的之一是确定种子样品与品种描述是否名副其实，即通过对田间小区种植的有代表性样品的植株与标准样品生长植株进行比对，从而判断其品种真实性；另一个目的是样品检测值是否符合国家发布的品种纯度标准要求，即田间小区种植鉴定中的非典型株（即变异株）的数量是否不超过国家规定的最低标准要求。

2. 小区种植鉴定的作用

小区种植鉴定的作用分为前控和后控。前控是当种子批用于繁殖下一代种子时，该批种子的小区种植鉴定对下一代种子来说的，也就是通常所说的种子繁殖期间的亲本鉴定。比如在生产良种时，对生产良种的亲本进行小区种植鉴定，则亲本种子的小区种植鉴定对生产良种来说就是前控。前控在良种生产的田间检验之前或同时，据此可以作为淘汰不符合要求的种子田的依据之一。后控是检测生产种子的质量，如对收获后的良种进行的小区种植鉴定就是后控，如种子企业在海南岛进行杂交种种子的种植鉴定或温室小区种植鉴定。

前控和后控的主要作用如下。

（1）前控为田间检验提供了非常重要的信息，是种子认证过程中不可缺少的环节。

（2）用来判别品种特征特性在繁殖过程中是否保持不变。

（3）为了鉴定品种的真实性，小区种植鉴定内的所有植株可以与标准样品株进行详细观察比较。

（4）小区种植鉴定的主要优点是：可以从幼苗出土到成熟期，经常观察代表该品种种子批的植株；可以比较同代或前代相同品种的种子批；专家能够判断所有品种和种类在小区种植鉴定中的植株特征特性，从而使记载、检测方法标准化。

（5）由于土地没有自生植物，并且播种设备已经清洁，因而可以肯定小区种植鉴定内的变异株来自种子样品。

（6）可以根据小区种植鉴定的结果淘汰质量低劣的种子批或种子田，使农民用上高质量的种子，同时也可用来解决种子生产者和使用者的争议。

综上所述，根据世界各国的实践和经验，小区种植鉴定主要用于两方面。一是在种子认证过程中，作为种子繁殖过程的前控和后控，监控品种的真实性和纯度是否符合种子认证方案的要求。这种测试主要是测定种子批的一致性，判断在繁殖期间品种特征特性是否发生变化，同时也表明限制繁殖代数的有效性。二是作为种子检验的目前唯一认可的检测种子品种纯度的方法。该方法是目前品种真实性和品种纯度鉴定的最为有效的方法，尤其适于对杂交种的鉴定，可作为种子贸易中仲裁检验和赔偿损失的依据。其缺点是费工、费时。

我国通常采用同地异季（利用温室和大田或大棚，如我国的杂交西瓜、甘蓝种子的检验）或异地异季（如杂交水稻、杂交玉米种子在海南岛的鉴定）进行种植鉴定。

3. 样品的准备

包括标准样品和试验样品。标准样品是在各阶段进行鉴定时的参照，必须准确可靠，最好用育种家种子或其他高质量种子。试验样品是要鉴定的种子样品，从田间小区种植鉴定所需的送验样品中分取，要保证种子的数量。

4. 鉴定程序

（1）田块选择　小区种植鉴定选择田块时，必须保证小区种植的田块前作符合 GB/T 3543.5—1995 的要求，即选择前茬无同类作物和杂草的田块作为小区种植鉴定的试验地。这可通过检查该田块的前作种植档案，确认该田块是经过精心策划的轮作，种子收获时散落在田块的作物种子和杂草种子已经清除。在考虑前作时还应特别注意土壤中的休眠种子或未发芽种子的存在。现已证实，许多作物的种子，在条件适宜时可在土壤中存活许多年。如那些含油量较高的种子（欧洲油菜和芜菁）可存活许多年；籽粒较小的禾谷类种子在条件适宜时也能存活几年。为保证小区出苗快速而整齐，要选择气候条件适宜、土壤肥力均匀一致的田块。

（2）设计小区　在小区种植鉴定时设计小区要便于观察记载，主要考虑如下几个方面。

① 最简单的布局是将同一品种、类似品种的所有样品以及用来比较的标准样品种在一起，以突出它们之间的细微差异。

② 在同一品种内，把同一生产单位生产、同期收获的有相同生产历史的相关种子批播在一起，便于记载。这样，搞清了一个小区的变异情况后，就便于检验其他小区的情况。

③ 当要对数量性状进行量化时，如测量叶长、叶宽和株高等，小区设计要采用统计要求的随机小区设计。

④ 如果资源充分，小区种植鉴定可设置重复。

⑤ 小区种植主要根据检测的目的来确定株数，如果是要测定品种纯度并与发布的质量标准进行比较，则必须种植足够多的株数。一般来说，若标准（合同约定或标签标注纯度）为 $\frac{N-1}{N}\times100\%$，种植株数为 $4N$ 即可获得满意结果。如标准规定纯度为 98％时，则 N 为 50，种植 200 株即可达到要求；若标准规定纯度为 99％时，则 N 为 100，种植 400 株即可达到要求；若标准规定纯度为 99.9％时，则 N 为 1000，应种植 4000 株才符合要求，依此类推。

⑥ 小区种植的行、株间应有足够的距离。《国际种子检验规程》推荐：禾谷类及亚麻的行距为 20～30cm，其他作物为 40～50cm；每米行长中的最适宜种植株数为：禾谷类 60 株，亚麻 100 株，蚕豆 10 株，大豆和豌豆 30 株，芸薹属 30 株。其实，在实际操作中，行、株距都是依实际情况而定，只要有足够的行、株距保证植株正常生长即可。

（3）小区管理　小区管理要求通常与大田粮食生产相同，不同的是不论何时都要保持品种的差异和品种的特征特性，做到在整个生长阶段都能允许检查小区的植株状况。对于小区种植鉴定只要求观察其特征特性，不要求高产，土壤肥力应中等。对于易倒伏的作物（特别是禾谷类）的小区鉴定，要尽量少施化肥，有必要把肥力水平减到最低程度。使用除草剂和植物生长调节剂要特别小心，因为它们会影响植株特征特性的表现。

（4）鉴定和记录　小区种植鉴定在整个生长季节都可观察，有些种在幼苗期就有可能鉴别出品种，但成熟期（常规种）、花期（杂交种）和食用器官成熟期（蔬菜种）是品种特征特性表现最明显的时期，必须进行鉴定。记载的数据用于结果的判别时，原则上要求花期和成熟期相结合，并通常以花期为主。小区鉴定记载也包括种子纯度和种传病害的存在情况。

检验员应根据被检品种的特征特性，利用自己丰富的经验，在品种性状表现明显的时期正确判断每个植株是属于本品种的典型株还是混杂、变异株，并做好记载。

（5）结果计算与容许差距

① 鉴定结果以百分率表示　田间小区种植鉴定的品种纯度结果可采用如下公式计算：

$$品种纯度=\frac{本作物的总株数-变异株（非典型株）数}{本作物的总株数}\times100\%$$

ISTA 规定当鉴定的种子、幼苗或植株不多于 2000 株时，这时品种纯度的最后结果用整数的百分率表示；如果多于 2000 株，则百分率保留一位小数。由于小区种植鉴定一般少于 2000 株，应保留整数。对于有分蘖的植株，如水稻、小麦，GB/T 3543.5—1995 规定是以株数为单位，比以穗为单位的要求要严格一些。

　　良种的品种纯度是否达到国家种子质量标准、标签或合同的要求，可查品种纯度的容许差距表（表 6-8）作出判断。若标准值（x）减去实测值（a）的值大于或等于容许误差时，即（$x-a$）≥容许误差（T），说明种子的纯度不符合规定标准或标签与合同的规定。

表 6-8　品种纯度的容许差距（5％显著水平的一尾测定）

（GB/T 3543.5—1995 农作物种子检验规程 真实性和品种纯度鉴定）

标准值		样本株数、苗数或种籽粒数							
50％以上	50％以下	50	75	100	150	200	400	600	1000
100	0	0	0	0	0	0	0	0	0
99	1	2.3	1.9	1.6	1.3	1.2	0.8	0.7	0.5
98	2	3.3	2.7	2.3	1.9	1.6	1.2	0.9	0.7
97	3	4.0	3.3	2.8	2.3	2.0	1.4	1.2	0.9
96	4	4.6	3.7	3.2	2.6	2.3	1.6	1.3	1.0
95	5	5.1	4.2	3.6	2.9	2.5	1.8	1.5	1.1
94	6	5.5	4.5	3.9	3.2	2.8	2.0	1.6	1.2
93	7	6.0	4.9	4.2	3.4	3.0	2.1	1.7	1.3
92	8	6.3	5.2	4.5	3.7	3.2	2.2	1.8	1.4
91	9	6.7	5.5	4.7	3.9	3.3	2.4	1.9	1.5
90	10	7.0	5.7	5.0	4.0	3.5	2.5	2.0	1.6
89	11	7.3	6.0	5.2	4.2	3.7	2.6	2.1	1.6
88	12	7.6	6.2	5.4	4.4	3.8	2.7	2.2	1.7
87	13	7.9	6.4	5.5	4.5	3.9	2.8	2.3	1.8
86	14	8.1	6.6	5.7	4.7	4.0	2.9	2.3	1.8
85	15	8.3	6.8	5.9	4.8	4.2	3.0	2.4	1.9
84	16	8.6	7.0	6.1	4.9	4.3	3.0	2.5	1.9
83	17	8.8	7.2	6.2	5.1	4.4	3.1	2.5	2.0
82	18	9.0	7.3	6.3	5.2	4.5	3.2	2.6	2.0
81	19	9.2	7.5	6.5	5.3	4.6	3.2	2.6	2.1
80	20	9.3	7.6	6.6	5.4	4.7	3.3	2.7	2.1
79	21	9.5	7.8	6.7	5.5	4.8	3.4	2.7	2.1
78	22	9.7	7.9	6.8	5.6	4.8	3.4	2.8	2.2
77	23	9.8	8.0	7.0	5.7	4.9	3.5	2.8	2.2
76	24	10.0	8.1	7.1	5.8	5.0	3.5	2.9	2.2
75	25	10.1	8.3	7.1	5.8	5.1	3.6	2.9	2.3
74	26	10.2	8.4	7.2	5.9	5.1	3.6	3.0	2.3
73	27	10.4	8.5	7.3	6.0	5.2	3.7	3.0	2.3

标准值		样本株数、苗数或种籽粒数							
50%以上	50%以下	50	75	100	150	200	400	600	1000
72	28	10.5	8.6	7.4	6.1	5.2	3.7	3.0	2.3
71	29	10.6	8.7	7.5	6.1	5.3	3.8	3.1	2.4
70	30	10.7	8.7	7.6	6.2	5.4	3.8	3.1	2.4
69	31	10.8	8.8	7.6	6.2	5.4	3.8	3.1	2.4
68	32	10.9	8.9	7.7	6.3	5.5	3.8	3.2	2.4
67	33	11.0	9.0	7.8	6.3	5.5	3.9	3.2	2.5
66	34	11.1	9.0	7.8	6.4	5.5	3.9	3.2	2.5
65	35	11.1	9.1	7.9	6.4	5.6	3.9	3.2	2.5
64	36	11.2	9.1	7.9	6.5	5.6	4.0	3.2	2.5
63	37	11.3	9.2	8.0	6.5	5.6	4.0	3.3	2.5
62	38	11.3	9.2	8.0	6.5	5.7	4.0	3.3	2.5
61	39	11.4	9.3	8.1	6.6	5.7	4.0	3.3	2.5
60	40	11.4	9.3	8.1	6.6	5.7	4.0	3.3	2.6
59	41	11.5	9.4	8.1	6.6	5.7	4.1	3.3	2.6
58	42	11.5	9.4	8.2	6.7	5.8	4.1	3.3	2.6
57	43	11.6	9.4	8.2	6.7	5.8	4.1	3.3	2.6
56	44	11.6	9.5	8.2	6.7	5.8	4.1	3.4	2.6
55	45	11.6	9.5	8.2	6.7	5.8	4.1	3.4	2.6
54	46	11.6	9.5	8.2	6.7	5.8	4.1	3.4	2.6
53	47	11.6	9.5	8.2	6.7	5.8	4.1	3.4	2.6
52	48	11.7	9.5	8.2	6.7	5.8	4.1	3.4	2.6
51	49	11.7	9.5	8.3	6.7	5.8	4.1	3.4	2.6
50	50	11.7	9.5	8.3	6.7	5.8	4.1	3.4	2.6

【案例】小麦品种纯度鉴定

[案例] 某小麦品种的良种，小区种植鉴定的纯度结果是 98.5%，国家规定的标准值是 99.0%，标准值与实测值的差为 0.5%。查表 6-8 可知，规定值为 99.0%时，样本种子数为 400 粒时的容许误差为 0.8%，实际差值小于容许误差，可以作出本种子样品的纯度符合规定标准的判断。

如果表 6-8 中所使用的容许差距查不到，可用容许差距的计算公式计算如下：

$$T = 1.65\sqrt{pq/N}$$

式中 T——容许差距；

$\quad\quad p$——标准或合同与标签值；

$\quad\quad q$——$100-p$；

$\quad\quad N$——种植的株数。

如纯度为 90%，种植株数为 78，那么 p 为 90，$q=100-p=100-90=10$，N 为 78，求得其容许差距为 $T=1.65\sqrt{pq/N}=5.6$。

② 变异株数目表示 GB/T 3543.5—1995 所规定的淘汰值就是以变异株数表示，如纯度 99.9%，种植 4000 株，其变异株或杂株不应超过 9 株（称为淘汰值）；如果不考虑容许差距，其变异株不超过 4 株。淘汰值是在考虑种子生产者利益和有较小可能判定失误的基础上，把一个样本内观察到的变异株数与发布的质量标准进行比较，在充分考虑后作出风险接受或淘汰种子批的决定。不同标准的淘汰值不同，表 6-9 列举了不同标准的淘汰值，错误淘汰种子批的风险是 5%。

表 6-9 不同纯度标准与不同样本大小的淘汰值（0.05% 显著水平）

（GB/T 3543.5—1995 农作物种子检验规程 真实性和品种纯度鉴定）

规定标准 /%	不同样本大小(株数)的淘汰值						
	4000	2000	1400	1000	400	300	200
99.9	9	6	5	4	—	—	—
99.7	19	11	9	7	4	—	—
99.0	52	29	21	16	9	7	6

注：有下划线的数字或"—"均表示样本太小。

表中有横线或下划线的淘汰值并不可靠，因为样本数目不够大，具有极大的错误接受合格种子的危险性。这种现象发生在标准样本内的变异株少于 $4N$ 的情况。

表 6-9 淘汰值的推算是采用泊松（Poisson）分布，对于其他标准计算可采用下式计算。

$R=X+1.65\sqrt{X}+0.8+1$（计算结果舍去所有小数位数，注意不采用四舍五入或六入）

式中，R 为淘汰值，X 为标准所换算的变异株数。如纯度 99.9%，在 4000 株中的变异株数为 4，$R=4+1.65\sqrt{4}+0.8+1=9.1$，去掉所有小数后，淘汰值为 9；如纯度 99.7%，在 2000 株中的变异株数为 6，$R=6+1.65\sqrt{6}+0.8+1=11.84$，去掉所有小数后，淘汰值为 11。

（6）结果报告 在实验室、培养室所测定的结果须填报种子数、幼苗数或植株数。田间小区种植鉴定结果除品种纯度外，必要时还需填报所发现的异作物、杂草和其他栽培品种的百分率。

【拓展学习】DNA 分子标记指纹图谱鉴定

DNA 分子标记技术又称 DNA 指纹技术。它直接反映不同品种的遗传基础不同，其 DNA 上的碱基排列顺序不同。可以根据不同品种的特定 DNA 指纹图谱的差异来进行品种鉴定。这种技术直接反映 DNA 水平上的差异，是当今最先进的遗传标记系统。目前，用于作物品种鉴定的DNA指纹图谱技术主要有限制性片段长度多态性（简称RFLP）、随机扩增多态性DNA（简称RAPD）、扩增片段长度多态性（简称AFLP）、简单重复序列（简称SSR）和小卫星DNA等。

一、RFLP

RFLP即限制性片段长度多态性。它是一种利用限制性内切酶酶解不同生物个体DNA分子，通过合成的DNA探针进行分子杂交，来揭示DNA的多态性。它是鉴定不同遗传位点等位变异的一种技术，能够鉴别不同品种个体间基因的细微差异。RFLP不仅存在于同一种的不同品种之间，也存在于不同的株系，据此鉴定品种真实性和品种纯度，成为作物品种检测的新技术和新方法。目前已通过RFLP分析对玉米、小麦、水稻、番茄、马铃薯等作物品种进行了品种鉴定，都有报道。RFLP分析的优点是多态性稳定，重复性好，准确性高；缺点是需要DNA量较大，检测方法较为烦琐，周期长，多态性较低，鉴定费用高，只能检测内切酶识别位点上的变异，提供的信息有限，且一般的种子检验部门都不具备条件，很难普及应用于实践。

二、RAPD

RAPD即随机扩增多态性DNA。是利用随机核苷酸序列作为引物，扩增基因组DNA的随机片段，再用随机片段的多态性作为品种的遗传标记。由于不同作物和品种的基因组DNA序列有很大的差异，复制特定DNA序列所需的引物也不一样，同一引物可使某一品种的DNA片段得到扩增，但对另一品种则不能诱导复制，因此，只要将特定引物诱导复制的特定DNA片段进行多聚酶链式反应（PCR）扩增，再经过琼脂糖凝胶电泳和聚丙烯酰胺凝胶电泳分离，得到多态性的DNA谱带，就能鉴别不同的品种。Welth（1991）曾用RAPD分析玉米杂交种的品种纯度，He等（1992）曾用RAPD鉴别小麦品种，在花生、小麦、水稻、大豆、棉花、甘薯、马铃薯、甘蓝、黄瓜等作物上也曾进行过深入研究。特别是亲缘关系较近的品种用蛋白质和同工酶电泳无法区别，而用RAPD分子标记方法鉴别，差异就非常明显。RAPD分析方法具有操作简单，经济快捷，DNA用量较少，灵敏度高，且省去了使用放射性同位素等优点，因而受到了许多学者的重视。但由于扩增的随机性，每一个引物只能检测基因组的有限区域，有些引物不能区分亲缘关系很近的自交系所配成的杂交种，必须利用几个引物才能区分。它属于显性标记，不能区分杂合型和纯合型，更重要的是，RAPD检测分析条件的影响很大。

三、AFLP

AFLP即扩增片段长度多态性。是以PCR为基础，RFLP和PCR相结合的一种方法。其基本原理是通过选择性扩增基因组DNA的酶切片段而产生多态性。选择性扩增是通过在引物的3′末端加上选择性核苷酸而实现的。通过改变选择性核苷酸的数目，就可以预先决定所要扩增的片段的数目。目前已应用于大豆、水稻、玉米、棉花等作物。它结合了RFLP和PCR技术的特点，具有RFLP的可靠性和PCR技术的高效性。AFLP可以分析基因组较大的作物，具有多态性高、重复性好、准确性高等优点。其缺点是需要放射性同位素标记、较高的实验操作技能、高精密的仪器设备，因此很难在作物品种鉴定上普及应用。

四、SSR

SSR即简单序列重复又称微卫星DNA，是一类由几个核苷酸（一般为1~5个）为重复单位组成的长达几十个核苷酸的串联重复序列。每个座位上重复单位的数目及重复单位的序列都可能不完全相同，因而造成了每个座位上的多态性。基因组 DNA 经引物进行 PCR 扩增后，不同大小的 SSR 在高分辨率的测序凝胶或特殊琼脂糖凝胶上电泳后，获得多位点、高分辨率的 DNA 指纹图谱。微卫星 DNA 目前已应用于大豆、水稻、玉米、油菜、甜菜等作物。SSR 标记的主要优点有：①数量丰富，广泛分布于整个基因组。②具有较多的等位性变异，信息含量高。③以孟德尔方式遗传，共显性标记，可鉴别出杂合子和纯合子。④多态性高，实验程序简单，重复性好，结果可靠。⑤易于用 PCR 技术分析，对 DNA 数量及质量要求不高。由于创建新的 SSR 标记时需知道重复序列两端的序列信息，因此其引物开发有一定困难，费用也较高。现在 DNA 检测工作逐步完善，相继制定了检测标准，从而使 DNA 检测工作走向科学化、规范化和标准化。如北京农林科学院玉米研究中心负责编写的农业部行业标准《玉米品种鉴定 DNA 指纹方法》于 2007 年 12 月 1 日起正式实施。

除了以上介绍的四种分子标记技术外，还有 STS 技术、SCAR 技术、ISSR 技术等应用于品种真实性及品种纯度的鉴定。

复习思考题

1. 品种真实性和纯度鉴定的意义有哪些？
2. 品种真实性和纯度鉴定的主要方法有哪几类？鉴定种子的基本原理或依据各是什么？
3. 电泳法鉴定种子纯度的一般程序是什么？
4. 电泳法鉴定种子纯度过程中容易出现哪些问题？
5. 制订田间小区种植鉴定的程序，需要注意的问题有哪些？
6. 通过查找资料完成种子纯度鉴定的技术综述（3000～4000 字）。

课后作业　完成玉米种子盐溶蛋白聚丙烯酰胺凝胶电泳并填写下表。

玉米种子盐溶蛋白聚丙烯酰胺凝胶电泳

组别：　　试验人：　　参加人：　　　　时间：　　年　月　日

一、鉴定原理：

二、仪器设备及试剂：

续表

三、溶液配制：

四、电泳操作 程序	
五、结果计算	

项目七 室内其他项目检验

种子检验工作中，除完成种子质量分级标准的必检项目外，有时根据需要还要进行其他项目的检验，以进一步对种子质量进行评价。这些项目主要指种子重量测定、种子生活力测定、种子活力测定等。

任务一 种子重量测定

种子的大小、饱满、充实等质量状况，一般可凭肉眼鉴定，但不可作为比较的标准。如果要进行比较，必须用各种仪器测定出这些性状的精确值，测定过程既复杂又费工、费时，且在生产上也不完全适用。而采用测定种子千粒重和容重，是一种简便易行的方法。实验证明种子千粒重与种子饱满、充实、大小、均匀有显著相关；容重与种子饱满、充实等均有显著相关。因此，测定种子千粒重也可作为评价种子质量的指标之一。

一、种子重量测定基本知识

1. 千粒重含义

种子千粒重是指自然干燥状态的 1000 粒种子的重量；我国《农作物种子检验规程》(1995) 中是指国家标准规定水分的 1000 粒种子的重量，以克为单位。

2. 千粒重测定意义

(1) 千粒重综合反映了作物种子多项品质指标　种子千粒重大，则说明种子饱满度高、充实度好、均匀度高、籽粒大；种子千粒重小则相反。种子的饱满度要用量筒测量其体积；充实度则要用比重计测量比重；均匀度要用一套筛子来测得；种子大小则用长、宽测量器测量。如果分别测定这几项品质指标就显得较为烦琐，而测量千粒重则简单得多。

(2) 千粒重是种子活力的重要指标之一　种子千粒重越大，其内部的贮藏营养物质越多，发芽迅速整齐，播种出苗率高，幼苗生长健壮，并能保证田间的成苗株数，从而增加作物产量。

(3) 千粒重是作物产量构成要素之一　在农作物产量预测时，要准确测定种子千粒重。比如玉米种子测产时，依据有效穗数、每穗粒数和千粒重，可以预测理论产量。

(4) 千粒重是计算播种量的重要依据之一　根据千粒重、种子用价和田间留苗密度等可以计算播种量。具体方法如下。

① 千粒重和每千克种子粒数的换算

$$每千克种子粒数 = \frac{1000(每千克的克数)}{千粒重(g)} \times 1000$$

② 根据规定密度（单位面积苗数）计算理论播种量

$$理论播种量(kg/hm^2) = \frac{每公顷总苗数}{每千克种子粒数}$$

③ 根据种子用价计算实际播种量

$$实际播种量(kg/hm^2) = \frac{理论播种量 \times 理论用价}{实际用价}$$

④ 依据上述三式计算单位面积播种量

$$每公顷播种量(kg) = \frac{每公顷苗数 \times 千粒重 \times 理论用价(100)}{1000 \times 实际用价 \times 100}$$

二、千粒重测定的仪器设备

千粒重测定仪器有电子自动数粒仪（图 7-1）、电子天平（图 7-2）、数粒板等。

1. 电子自动种子数粒仪的构造和原理

目前国内有各种型号的电子自动数粒仪，虽然使用方法存在一些差异，但其结构和工作原理基本相同。

一般电子自动数粒仪都由电磁振动螺旋送种器、光电计数电路、自动控制及电源等主要部件组成。其工作原理如图 7-3 所示。

将种子倒入电磁振动螺旋送种器内，打开电源后，6V 稳压电源供电的光电系统的光源透过小孔照射到光导管上，此时光导管呈低电阻。当启动电磁振动螺旋送种器后，种子便沿着螺旋轨道运动，最后依次通过送种嘴落入光电系统的下种通道（光电管）而掉入容器内。种子在下落过程中，每粒都在光导管上产生一个投影，使光导管立即在此瞬间呈高电阻，于是在光电计数电路上形成一个电脉冲，经放大和整形后去触发计数电路，自动计数通过种子

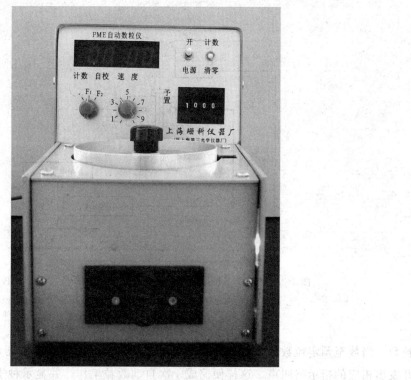

图 7-1　自动数粒仪

图 7-2　电子分析天平

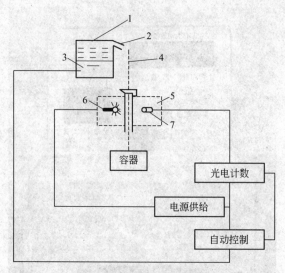

图 7-3 数粒仪工作原理示意图 (颜启传《种子检验原理和技术》)
1—电磁振荡送种器；2—送种嘴；3—电磁铁；4—下种通道；
5—光电系统；6—光源；7—光导管

粒数。当数至预定粒数后，自动控制电路便切断电磁振动螺旋送种器电源，使其停止送种，并发出相应的指示鸣叫声。这样便完成一次自动数粒工作，并显示种子粒数。

2. 使用方法

将常用的 SLyⅡ-Ⅰ型种子数粒仪的使用方法介绍如下。

① 接通 220V 交流电源，打开电源开关。此时，荧光屏数码管显示为 0000，如果不为 0000 时，按"清零"按钮调零使其显示 0000。

② 根据数粒需要，将"数粒选择"转钮拨至所需粒数，如 1000 或 100 等位置。

③ 按所数种子大小规格，选择对应的送种盘，并将送种盘嘴对准规定的通道口，再将"颗粒选择"开关拨至对应位置。将盛接容器对准相应的出口处。

④ 将欲数净种子样品倒入送种盘内，打开"振荡"开关，种子开始在送种盘旋转，沿轨道运行。每粒种子都通过光导管并在荧光屏上显示计数。根据种子运行速度，及时调整好振荡调节旋钮，以适中的速度数粒，种子下落速度既不可太快，也不可太慢。当数粒至预置粒数后，电磁振荡送种器自动停止送种，蜂鸣器发出响声，即可取出盛接容器中的种子。

⑤ 当下次数粒时，只要按一下"清零"按钮，即可进行第二个重复数粒，依次直到数完所有重复。

⑥ 当需要数其他种子时，先松开送种盘紧固螺母，单独取出送种盘，进行更换送种盘型号并快速清理取出的送种盘。

3. 注意事项

① 数粒样品必须是经过净度分析后去除所有杂质的净种子。种子如果混有杂质也会在光导管中形成投影而被计数，影响数粒结果。

② 数粒前一定调整好数种盘的轨道宽度。在数粒的过程中要求种子排成一行，依次下落，落下一粒产生一个投影，计数一粒。如果轨道宽度太宽，两粒或多粒种子并行，当种子

下落时，重力加速度不能将它们分开，就会发生几粒种子同时下落的情况，但在光导管上只产生一个投影，错误计数为一粒种子，产生试验误差。

三、种子重量测定程序

GB/T 3543.7—1995《农作物种子检验规程 其他项目检验》中列入了百粒法（国际上通用的方法）、千粒法（我国常用方法）和全量法（也是国际上规定的方法）三种测定方法，可任选其一进行测定。

1. 百粒法测定程序

（1）试样数取 将净度分析中的全部净种子均匀混合后，分出一部分作为试验样品。然后用数粒板、电子自动数粒仪或手工从净种子中随机数取试样 100 粒，8 个重复。

（2）试样称重 8 个重复分别称重（g），称重的小数位数与 GB/T 3543.3—1995《农作物种子检验规程 净度分析》中表 1 的规定相同。

（3）检查各重复间的容许变异系数 按下面公式计算 8 个重复的平均重量、标准差异及变异系数：

$$标准差(S) = \sqrt{\frac{n(\sum X^2) - (\sum X)^2}{n(n-1)}}$$

式中 X ——各重复重量，g；

n ——重复次数。

$$平均重量(\overline{X}) = \frac{\sum X}{n}$$

$$变异系数 = \frac{S}{\overline{X}} \times 100$$

式中 S ——标准差；

$\overline{X}$ ——100 粒种子的平均重量，g。

如带稃壳的禾本科（稻属、大麦属、荞麦属、薏苡属、狗尾草属、高粱属、黍属）种子变异系数不超过 6.0，其他种类种子的变异系数不超过 4.0，则可计算测定的结果。如变异系数超过上述限度，则应再测定 8 个重复，并计算 16 个重复的标准差。凡与平均数之差超过两倍标准差的重复略去不计。计算 8 个或 8 个以上的每个重复 100 粒的平均重量换算成平均值，再换算成 1000 粒种子的平均重量。

（4）换算成规定水分下的千粒重 将百粒重的平均重量乘以 10 倍即为实测的千粒重。

千粒重是指在《农作物种子质量标准》（如 GB/T 4404.1—1996 等）规定水分下的 1000 粒种子的重量，以克为单位。

不同种子批在自然条件下干燥的种子水分不同，特别是在不同地区和不同季节里，种子水分的差异就更大。因此，为了更好地比较不同水分下的种子千粒重，就必须将实测水分换算成相同的规定水分条件下的千粒重。其换算公式如下：

$$千粒重(规定水分) = \frac{实测千粒重(g) \times [1 - 实测水分(\%)]}{1 - 规定水分(\%)}$$

（5）结果报告　将规定水分下的种子千粒重测定结果填写在结果报告单相应的栏内，保留小数位数与 GB/T 3543.7—1995《农作物种子检验规程　净度分析》中表 1 的规定相同。

2. 千粒法测定程序

（1）试样数取　将净度分析中的全部净种子均匀混合后，分出一部分作为试验样品。然后用数粒板、电子自动数粒仪或手工从净种子中随机数取试样 1000 粒，两份重复。大粒种子每个重复 500 粒，中小粒种子每个重复 1000 粒。

（2）称重试样　各重复分别称重（g），保留小数位数与 GB/T 3543.7—1995《农作物种子检验规程　净度分析》中表 1 的规定相同。

（3）检查重复间的容许差距　两份重复的差数与平均数之比不应超过 5%，若超过应再分析第三份重复，直至达到要求，取差距小的两份计算测定结果。

（4）换算成规定水分下的千粒重　大粒种子用 500 粒测定时，将其折算成实测的千粒重，将平均数乘 2 即是实测的种子千粒重。换算成规定水分下千粒重与百粒法相同。

（5）结果报告　将规定水分下的种子千粒重测定结果填写在结果报告单中，保留的小数位数与 GB/T 3543.7—1995《农作物种子检验规程　净度分析》中表 1 的规定相同。

3. 全量法测定程序

（1）数取试样总粒数　将净度分析后的净种子全部样品通过电子自动数粒仪或手工数其粒数，记下种子粒数。

（2）试样称重　将所数的种子样品称重（g），保留的小数位数与 GB/T 3543.7—1995《农作物种子检验规程　净度分析》中表 1 的规定相同。

（3）换算成规定水分下的千粒重　将整个试样的重量换算成 1000 粒种子的平均重量。

$$实测千粒重(g) = \frac{W}{n} \times 1000$$

式中　W——净种子总重量，g；

　　　　n——净种子总粒数。

换算成规定水分下千粒重与百粒法相同。

（4）结果报告　将规定水分下的种子千粒重测定结果填写在结果报告单中，保留的小数位数与 GB/T 3543.7—1995《农作物种子检验规程　净度分析》中表 1 的规定相同。

任务二　种子生活力的生化（四唑）测定

种子生活力是指种子发芽的潜在能力或种胚所具有的生命力。许多植物种子因具有休眠性，特别是刚收获的小麦、大麦、水稻、菠菜、芹菜、红松等种子发芽率很低，只有 10%～30%。尤其是野生性强的种子，如野生稻、花卉、牧草和药材种子，其休眠性更强。新收获的种子更难发芽，发芽率很低。但实际上大多数种子是具有生活力的，只是暂时处于休眠状态。采用标准发芽试验测不出种子的最高发芽率时，必须进行生活力测定，了解种子的潜在发芽能力，以便合理利用种子。播种前对发芽率低而生活力高的种子应进行适当的处理后再播种，而发芽率低生活力也低的种子不能作种子用。

种子发芽试验所需时间较长，而种子贸易中常因时间紧迫，不可能采用正规的发芽试验来测定其发芽力。如麦类需 7～8d，水稻需 14d，某些蔬菜和牧草种子需 2～3 周，有些林木及花卉种子需要时间更长。因此用生物化学速测法测定种子生活力十分重要，而林木种子可用生活力来代替发芽力。在不具备发芽试验条件情况下也可进行生活力测定，了解种子发芽能力。

种子生活力测定方法有四唑染色法、亚甲蓝法、溴麝香草酚蓝法、红墨水染色法等，但正式列入《国际种子检验规程》和我国《农作物种子检验规程》的生活力测定方法是生物化学（四唑）染色法。四唑测定具有原理可靠、结果准确、不受休眠限制、方法简便、省时快速、成本低等特点，是世界公认、普遍使用、最有发展前途的种子生活力测定方法之一。

一、种子生活力的生化（四唑）测定基本知识

1. 四唑染色测定的特点

生活力四唑测定是一种世界公认、应用广泛、方便实用、低成本、快速省时且结果可靠的测定方法，是很有发展前途的种子检验方法之一。主要有以下几个特点。

（1）原理可靠，结果准确　四唑测定是按胚的主要解剖构造的染色图形来判断种子的死活，这种方法目前世界已经发展到成熟阶段。经世界许多种子科学家用标准发芽试验与四唑测定的对比表明，如能正确使用四唑测定方法，四唑测定结果与发芽率误差一般不会超过 1%～2%。

（2）不受休眠的限制　四唑染色测定结果不受休眠限制是因为它不需要像发芽试验那样通过培养，根据幼苗生长的正常与否来确定发芽率，而是用种子内部存在的还原反应显色来判断种子的死活。

（3）方法简便、省时快速　四唑染色测定所用仪器设备和用品较少，并且测定方法也较为简便，一般 6～24h 就可获得结果，与发芽试验比是很快的。

（4）成本低廉　四唑染色测定所用仪器设备和用品较少且方便，所以每个样品测定所花费的成本很低。四唑染色测定是世界公认的最有效的方法，也是国内外广泛应用的一种测定种子生活力的方法。但是，四唑染色测定也存在一些缺陷，如要求种子检验员有丰富的经验和较高的技能；测定结果不能提供休眠的程度；处理的种子不能像发芽试验能反映药害情况；虽然说结果快速，但实际操作花费时间可能比发芽试验所用时间还要长且技术不易掌握。

2. 四唑染色测定的适用范围

根据《国际种子检验规程》规定，四唑染色法可适用于下列情况快速测定种子生活力。
① 测定具有深休眠种子和收获后要立即播种的种子的潜在发芽能力。
② 测定发芽缓慢种子、测定发芽试验末期仍没有发芽的种子的发芽潜力。

③ 测定种子收获期间或加工过程中的损伤（如热伤害、机械伤害、虫蛀、化学伤害等）原因。

④ 测定探明发芽试验中不正常幼苗产生的原因和杀菌剂处理或种子包衣等处理的伤害。

⑤ 测定查明种子贮藏期间劣变衰老的程度，根据染色图形及程度分级，评定种子活力水平。

⑥ 测定要快速了解种子发芽潜力的种子生活力，如调种时间紧迫等原因。

3. 四唑染色测定原理

四唑溶液是一种无色的指示剂。四唑被种子活组织吸收后，接受活细胞内三羧酸代谢途径中释放出来的氢离子，被还原成一种红色的、稳定的、不易扩散的和不溶于水的三苯基甲腊（红色）。这样就可依据四唑染成的颜色和部位，区分种子红色的有生活力部分和无色的死亡部分。在种子组织里红色的甲腊越多，呈现出的颜色越深，则说明种子组织里的脱氢酶活性越强。

一般种子的胚、糊粉层等属于有生活力的活组织，含有脱氢酶，与渗入的四唑溶液反应后能被染成红色。种皮、胚乳等死组织，不能被染色。除了活性组织完全染色的有生活力种子及完全不染色的无生活力种子外，还可能出现一些部分染色的种子。当然，判断种子有无生活力主要取决于胚组织的染色部位和面积的大小，而不一定在于染色的深浅，颜色的差异主要是能将健全的、衰弱的和死亡的组织判别出来。根据胚的不染色部位，还能查明种子死亡的原因。

4. 四唑染色测定影响因素

四唑染色反应是一种酶参与的还原反应，因而四唑测定反应不仅受到酶活性的影响，而且受到底物浓度、反应温度和 pH 值等因素的影响。高于或低于最适 pH 值，反应都不能正常进行。反应速率随着温度的不同而变化，一般温度每提高 5℃ 反应速率就提高 1 倍，但是反应温度最高不能超过 45℃。四唑盐类对光敏感，在白光或蓝光照射下，会把其还原成红粉色的沉淀物，使四唑溶液瓶内出现混浊和沉淀，而降低原有浓度，影响染色效果。种子进行预措时，所用的方法应根据种子的化学成分和种子的结构而定。

二、种子生活力的生化（四唑）测定的仪器药品

1. 应用试剂

(1) 四唑染色溶液　种子生活力测定的四唑盐类全称为 2,3,5-氯化（或溴化）三苯基四氮唑，简称四唑，亦称为红四（氮）唑，缩写为 TTC（TTB）或 TZ，分子式为 $C_{19}H_{15}N_4Cl$，相对分子质量 334.8。该药品为白色或淡黄色的粉剂，熔点 243℃，当达到 245℃ 就会分解，易溶于水，有微毒（致癌和影响胎儿发育），在直射光线下会被还原成粉红色，因此试剂需用棕色瓶盛装，并用黑纸外包一层。配好的四唑药液应装入棕色玻璃瓶里，存放于暗处，在进行种子染色时，也应将其放在暗处或弱光处。

GB/T 3543.7—1995 规定四唑染色通常使用浓度为 0.1%～1.0% 四唑盐的水溶液。一般来说，切开胚的种子可用 0.1%～0.5% 浓度的四唑溶液；整胚、整粒种子或斜切、横切

或穿刺的种子需用 1.0%四唑盐的水溶液。1996 版《国际种子检验规程》规定正常使用的四唑溶液浓度为 1.0%，在有些情况下，使用较低或更高浓度也是适宜的。染色的时间与四唑溶液的浓度和温度有关，一般是随着四唑溶液浓度和温度的增加，染色所需时间随之缩短。

要求四唑水溶液的 pH 在 6.5～7.5 范围之内，当四唑溶液的 pH 不在这一范围时，建议采用磷酸缓冲液来配制。配制方法是称取 1g（或 0.1g）四唑粉剂溶解在 100mL 磷酸缓冲液中，即可配成 1.0%（或 0.1%）浓度的四唑溶液。当用酸度计测定时，如果四唑溶液的 pH 不在要求范围时，则可用氢氧化钠或碳酸氢钠稀溶液进行调节。配好的四唑溶液保存在棕色瓶里，一般有效期为数月。如果药液存放在冰箱里，则保存的时间更长。用过的四唑液不能再用，应倒掉。

（2）磷酸缓冲液　为确保四唑溶液染色的效果，要求配制四唑溶液的 pH 必须在 6.5～7.5 范围内。当四唑溶液的 pH 不在这一范围内时，常用磷酸缓冲液来溶解四唑粉剂。其配制方法有两种。

① ISTA 规程法　首先配成两种母液。

溶液Ⅰ：称取 9.078g 磷酸二氢钾（KH_2PO_4）溶解在 1000mL 蒸馏水中。

溶液Ⅱ：称取 9.472g 磷酸氢二钠（Na_2HPO_4）或 11.876g $Na_2HPO_4 \cdot 2H_2O$ 溶解在 1000mL 蒸馏水之中。

然后按比例，取溶液Ⅰ 2 份和溶液Ⅱ 3 份混合即成。

② AOSA 规程法　将 5.45g 磷酸氢二钠和 3.79g 磷酸二氢钠加在 1000mL 蒸馏水中，充分溶解即成。

（3）乳酸苯酚透明液　乳酸苯酚透明液是用于小粒豆类和牧草等种子经四唑染色后使种皮、稃壳和胚乳变得透明，以便清楚地观察其胚主要构造的染色情况。

乳酸苯酚透明液的配制方法是取 20mL 乳酸、20mL 苯酚（若苯酚是结晶，则需溶为液体）、40mL 甘油和 20mL 蒸馏水混合配成。药液有毒性，配制时最好戴手套，并在通风橱内操作，使用时谨防触及皮肤或衣服等。

（4）过氧化氢溶液　过氧化氢溶液是用于某些牧草种子（如黑麦草、早熟禾、羊茅等）的预湿浸种，以加快种子吸胀和酶的活化。一般用 0.3% H_2O_2 溶液。

（5）杀菌剂和抗生素　应用微量的杀菌剂和（或）抗生素加入到四唑溶液里或染色样品中，可延缓衰弱种子的劣变进程，并消除微生物对测定结果的影响，可用 0.5%青霉素等抗生素。但要注意，在使用带有毒性的杀菌剂处理种子时，最好用凡士林或其他皮肤保护剂涂抹手指，以防杀菌剂刺激皮肤。

2. 仪器设备

四唑测定的仪器设备比较简单，主要仪器设备与发芽试验设备相同，可采用发芽试验设备，如电热恒温箱或发芽箱、冰箱等。四唑测定需配备的小器具有：种子切割用的解剖刀或单面刀片、小针、切割垫板等；种子预湿，需要纸、毛巾、烧杯等器具；染色时，要准备有盖的不同规格的染色盘、棕色加液器、镊子、吸管等；观察器具如体视显微镜或放大镜；保护器具如手套、眼睛保护镜等。

三、种子生活力的生化（四唑）测定程序

1. 试验样品的数取

种子生活力测定的样品是从净度分析后、充分混匀后的净种子中随机数取，每个样品数取 200～400 粒种子，每 100 粒为一个重复（GB/T 3543.7—1995 规定每次试验至少测定 200 粒种子）。

2. 种子预处理

（1）预处理　预处理的目的是使种子加快和充分吸湿，软化种皮，方便样品准备和促进活组织酶系统的活化，以提高染色的均匀度、鉴定的可靠性和正确性。

（2）预措　是指在种子预湿前除去种子外部的附属物。其方法包括剥去果壳和在种子非要害部位弄破种皮，但需注意，不能损伤种子内部胚的主要构造。如水稻种子需脱去秤壳；花生果需剥去果壳；桃种子需剥去木质化的内果皮；冷杉种子需切去种子基尖；朴属种子需切去种子顶端；刺豆属花卉种子需弄破种皮等。

（3）预湿　为加快充分吸湿、软化种皮，便于样品准备，以提高染色的均匀度，通常种子在染色前要进行预湿。预湿方法根据不同种子生理特性，采用相应而有效的方法。常用的预湿方法有如下两种。

① 快速水浸预湿　将种子完全浸入水中，让其充分吸胀。因为种子直接浸入水中，吸水快、吸水均匀，并可缩短预湿时间。这种方法主要适用于种子直接浸入水中不会造成组织破裂和损伤，并不会影响鉴定结果正确性的种子种类，如水稻、小麦、大麦、燕麦、黑麦草、红豆草、黑麦、玉米、杉属、扁柏属、榛属、枸子属、山楂属、卫矛属、山毛榉属、岑属、苹果属、松属和椴属等。

② 缓慢纸床预湿　将种子放在纸床上或纸巾间，让其缓慢吸湿。这种方法主要适用于种子直接浸入水中容易破裂和损伤的种子以及衰弱的种子或过分干燥的种子。ISTA 规程中规定，像大豆、菜豆、葱、花生、李和莎草等种子，通常要求缓慢纸床预湿。许多禾谷类种子既可水浸预湿，也可缓慢纸床预湿。当然这类种子也可先进行缓慢吸湿，待胚组织变柔软后，再放入水中进一步吸胀，以加快吸水速度。

3. 染色前的样品准备

（1）样品准备的目的　是使四唑溶液快速和充分地渗入种子的全部活组织，加快染色反应。正确鉴定胚的主要构造，必须按其胚和营养组织的位置和特性，采用适当的方法使胚的主要构造和（或）活的营养组织暴露出来。因此，大多数种子在染色前必须进行样品准备工作。

（2）样品准备方法　主要根据种子大小、形状，种皮结构，胚的位置、形状及大小，营养组织的活与死，应用仪器的性能，技术的先进性，测定时间的紧迫性，结果的正确性等要求以及检验人员的工作经验等因素来确定。因此每种种子要选择最适合的方法进行处理。下面介绍有关样品准备的方法。

① 不需预湿和附加准备　主要是对种皮渗水性良好的小粒豆类而采用的。如紫花苜蓿和小扁豆等种子吸水快，在四唑溶液里染色时，就能随着四唑溶液的渗入而吸胀，并在染色

后采用透明液使种皮变为透明，从而能正确鉴定种子生活力。

② 采用缓慢预湿后不需样品准备 主要用于种皮具有良好透水性的大粒豆类，如菜豆和大豆等。但在染色后观察鉴定前也需剥去种皮，以便观察得更清楚，鉴定结果更可靠。

③ 穿刺或切开胚乳 主要用于小粒牧草等种子，如小糠草、早熟禾和梯牧草等种子。小糠草种子很小，通常采用针刺胚乳法，以使四唑溶液容易渗入胚中。其方法是将已预湿的种子连吸水纸一起移到四唑工作台上，打开底射灯光，左手拿住 3～5 倍小放大镜，右手握住细针，针头对准胚乳中心，约离胚 1mm 处扎下，穿刺胚乳，然后将已针刺的种子放入四唑溶液染色。梯牧草种子可用单面刀片一头，从其中部半边切入，切出一个缝口，以利于四唑溶液的渗入。

④ 沿胚纵切 适用于具有直立胚的大粒禾本科等种子，如玉米、麦类和水稻等种子。方法是通过胚中轴和胚乳，纵向切开，使胚的主要构造暴露出来，取其一半，用于四唑染色。

⑤ 近胚纵切 这种方法适用于松柏类和伞形科等具有直立胚的种子。方法是在靠近胚的旁边纵向切去一边胚乳或胚子体，保持着胚的大半粒种子用于染色。

⑥ 上半粒纵切 主要用于莴苣和其他菊科等具有直立胚种子。其方法是通过种子上部 2/3 处纵向切开，但不能切到胚轴。

⑦ 切去种子基端 适用于茜草科等种子。方法是横向切去种子的基部尖端，使胚根尖露出，但不要切开种皮，以便保持两个胚连在一起。

⑧ 斜切种子 适用于菊科、十字花科和蔷薇科等种子，如棉花、菊苣、山毛榉等胚中轴在种子基部的种子。方法是从种子的上部中央、下部偏离胚处斜向切入，并将上部大部分切开，以便四唑溶液渗入染色。

⑨ 横切胚乳 主要用于黑麦草、鸭茅和羊茅等直立胚很小且位于其基部的种子。其方法是在大约离胚 1mm 的上部，横向切去胚乳，留下带胚的下部种子，供做四唑测定用。切时带胚一端不能留得太长而延缓四唑溶液渗入胚部；如留下部分长短不齐，则可能导致四唑溶液渗入时间不一致，而使不同种子染色程度不同，从而影响鉴定的结果。为了保证横切留下长度一致，即离胚的切面距离一致，最好选用放大镜观察一下胚的位置，并将有胚一端朝前，再在适当位置切下。有时因种子很小，很难分清胚所在的一端，就必须用放大镜看清胚的位置后再切，以保证切得正确。

⑩ 剥去种皮 适用于锦葵科（如棉花）、壳斗科（如板栗）、茶科（如茶子）和旋花科（如牵牛花）等种皮较厚且颜色深的种子。其方法是用工具将预湿后的整个种皮剥去。

⑪ 横切胚轴和盾片 主要用于中粒禾本科，如小麦和燕麦等。其方法是在种子预湿后用单面刀片横向切去胚的上部，从切面露出胚轴、胚根、盾片等。特别对于包有稃壳的燕麦种子，这种切法较为方便。

⑫ 打开胚乳取出胚 该方法适用于很多林木种子。如杜仲等种子，胚完全被胚乳所包围，只有切开或挑开胚乳，才能取出胚。

⑬ 从果实内取出胚 主要适用于果木和林木种子。如桃，需先剥去木质化的内果皮，再剥去种皮，使胚露出。又如沙枣等种子，需先剥去果肉，洗净，然后挑去种壳，取出胚。

⑭ 横切种子两端，切开胚腔 主要适用于山茱萸、胡颓子和肖楠等种子。

⑮ 平切果种皮和胚乳，暴露出胚的构造 有些蔬菜和农作物种子，如洋葱、甜菜、菠

菜等种子，其胚为螺旋形平卧在胚乳中，只有在扁平方向削去上面一片种皮和胚乳，才能使整个胚的轮廓暴露出来，以便染色和鉴定。

4. 四唑染色

四唑染色就是通过染色反应，将胚和活的营养组织里健壮、衰弱和死亡部分的差异正确地显现出来，以便观察，从而正确地鉴定种子的生活力和种子活力。

染色时将准备好的种子样品放入染色盘中，加入四唑溶液完全淹没种子。已经切开胚的种子用 0.1%～0.5% 的溶液，不切开胚的种子用 1% 的溶液。达到规定时间或已明显时，倒去四唑溶液，用清水冲洗。在染色过程中，染色时间因种子种类、样品准备方法、本身生活力的强弱、四唑溶液浓度、pH 和温度等因素的不同而有差异。其中温度影响最大，在 20～45℃ 范围内，温度每增加 5℃，则染色时间减少一半。如要求在 30℃ 下适宜时间 6h 的种子样品，移到 40℃ 下则只需要染色反应 1.5h。染色时间可按需要在 20～45℃ 温度范围内适当选择，一般用 35℃。种子的健壮、衰弱和死亡不同的组织，其染色的快慢也不同。一般来说衰弱组织四唑溶液渗入较快；染色也较快，健壮组织酶的活性强，染色明显。当达到规定染色时间，但样品的染色仍不够充分，这时可适当延长染色时间，以便证实染色不够充分是由于四唑溶液渗入缓慢引起的，还是由于种子本身的缺陷引起的。但必须注意，染色温度过高或染色时间过长，也会引起种子组织的劣变，从而掩盖了由于冻害、热伤和本身衰弱而呈现不同颜色或异常情况。

5. 鉴定前处理

鉴定前将已染色的种子进行处理，使胚的主要构造和活的营养组织明显暴露出来，是为了方便观察判断种子生活力和种子活力。国际上采用和有效的处理方法如下。

（1）不需处理，直接观察 适用于染色前已进行样品准备的整个胚、摘出的胚中轴、纵切或横切的胚等样品。因为这些种子胚的主要构造已暴露在外面，所以不需附加处理，就可直接观察鉴定。

（2）轻压出胚，观察鉴定 主要用于样品准备时仅切去种子的一部分，胚的大部分仍留在营养组织内的样品。在鉴定前需用解剖针在种子上稍加压力，使胚向切口滑出，以便观察鉴定。

（3）扯开营养组织，暴露出胚 适用于染色前样品准备时仅撕去种皮或仅切去部分营养组织的样品，如冷杉等种子。其方法是扯去遮盖住胚的营养组织或弄掉切口表面的营养组织，使胚的主要构造完全暴露在外面，以便鉴定。

（4）切去一层营养组织，暴露出胚和活营养组织 适用于样品准备时，仅切去或切开种子上半粒或基部的种子样品。因为这些种子的胚仍被营养组织所包围，所以需在适当的位置切去一层适宜厚度的营养组织，才能看清胚和活营养组织的染色情况。

（5）沿胚中轴纵切，暴露出胚的构造 这种方法适用于样品未准备的种子，如有些豆类种子。

（6）沿种子中线纵切，暴露出胚和活营养组织 这种方法适用于样品准备时，仅除去种子外面构造，或仅切去基部的种子，如五加科等种子。

（7）剥去半透明的种皮或种子组织，暴露出胚 这种方法适用于四唑染色前样品未加准备或仅切去基部的种子，如大豆、豌豆等种子。

（8）切去切面碎片或掰开子叶，暴露出胚 这种处理适用于切得不好或有些豆科双子叶种子。如鉴定前发现胚中轴被若干切面碎片所遮盖，以致难以鉴别，则需切去一层子叶，或者为了可靠观察子叶之间胚中轴的染色情况，则需掰开子叶。

（9）剥去种皮和残余营养组织，暴露出胚　这种处理适用于在样品准备时仅切去种子一部分的样品。如红花种子在样品准备时，仅切去种子的上部，仍有种皮和残余营养组织包着胚，因此，只有除去这些部分，才能暴露出胚的主要构造。

（10）乳酸苯酚透明液的应用　在四唑染色反应达到适宜时间后，小粒种子用载玻片挡住培养皿口的边，留下一条狭缝，让其只能沥出四唑溶液，注意不能溜出种子。然后用厚型吸水纸片吸干残余的溶液，并把种子集中在培养皿中心凹陷处，再加入 2～4 滴乳酸苯酚透明液，适当摇晃，使其与种子充分接触，马上移入 38℃ 恒温箱保持 30～60min，经清水漂洗或直接观察鉴定。这种有效的透明程序可使果种皮、稃壳和胚乳变为透明，则可清楚地鉴定胚的主要构造的染色情况。

6. 观察鉴定

一般鉴定原则是，凡是胚的主要构造及有关活营养组织染成有光泽的鲜红色，且组织状态正常的为有生活力种子；凡是胚的主要构造局部不染色或染成异常的颜色和光泽，并且活营养组织不染色部分已超过 1/2 或超过允许范围，以及组织软化的为不正常种子；凡是完全不染色或染成无光泽的淡红色或灰白色，且组织已软腐或异常、虫蛀、损伤、腐烂的为死种子。

在鉴定时，可借助于放大器具，认真观察鉴定。对大、中粒种子可直接用肉眼或 5～7 倍放大镜进行观察鉴定；对小粒种子最好用 10～100 倍体视显微镜进行观察鉴定。最后正确计数有生活力的种子。

作物种子的具体鉴定标准已列入 GB/T 3543.7—1995 种子检验规程，见表 7-1。

表 7-1　农作物种子四唑染色技术规定

种（变种）名	预湿方式	预湿时间/h	染色前的准备	溶液浓度/%	35℃染色时间/h	鉴定前的处理	有生活力种子允许不染色、较弱或坏死的最大面积
小麦 大麦 黑麦	纸间或水中	30℃恒温水浸种3～4，或纸间12	a. 纵切胚和3/4胚乳 b. 分离带盾片的胚	0.1	0.5～1	a. 观察切面 b. 观察胚和盾片	a. 盾片上下任一端1/3不染色 b. 胚根大部分不染色,但不定根原始体必须染色
普通燕麦 裸燕麦	纸间或水中	同上	a. 除去稃壳,纵切胚和四分之三胚乳 b. 在胚部附近横切	0.1	同上	a. 观察切面 b. 沿胚纵切	同上
玉米	纸间或水中	同上	纵切胚和大部分胚乳	0.1	同上	观察切面	胚根;盾片上下任一端1/3不染色
黍粟	纸间或水中	同上	a. 在胚部附近横切 b. 沿胚乳尖端纵切1/2	0.1	同上	切开或撕开,使胚露出	
高粱	纸间或水中	同上	纵切胚和大部分胚乳	0.1	同上	观察切面	a. 胚根顶端2/3不染色 b. 盾片上下任一端1/3不染色

种(变种)名	预湿方式	预湿时间/h	染色前的准备	溶液浓度/%	35℃染色时间/h	鉴定前的处理	有生活力种子允许不染色、较弱或坏死的最大面积
水稻	纸间或水中	12	纵切胚和四分之三胚乳	0.1	同上	观察切面	胚根顶端2/3不染色
棉花	纸间	12	a. 纵切1/2种子 b. 切去部分种皮 c. 去掉胚乳遗迹	0.5	2~3	纵切	a. 胚根顶端1/3不染色 b. 子叶表面有小范围的坏死或子叶顶端1/3不染色
甜荞 苦荞	纸间或水中	30℃水中3~4,纸间12	沿瘦果近中线纵切	1.0	2~3	观察切面	a. 胚根顶端1/3不染色 b. 子叶表面有小范围的坏死
菜豆 豌豆 绿豆 花生 大豆 豇豆 扁豆 蚕豆	纸间	6~8	无须准备	1.0	3~4	切开或除去种皮,瓣开子叶,露出胚芽	a. 胚根顶端不染色,花生为1/3,蚕豆为2/3,其他种为1/2 b. 子叶顶端不染色,花生为1/4,蚕豆为1/3,其他为1/2 c. 除蚕豆外,胚芽顶部不染色1/4
南瓜 丝瓜 黄瓜 西瓜 冬瓜 苦瓜 甜瓜 瓠瓜	纸间或水中	在20~30℃水中浸6~8或纸间24	a. 纵切1/2种子 b. 剥去种皮 c. 西瓜用干燥布或纸揩擦,除去表面黏液	1.0	2~3,但甜瓜1~2	除去种皮和内膜	a. 胚根顶端不染色为1/2 b. 子叶顶端不染色为1/2
白菜型油菜 不结球白菜 结球白菜 甘蓝型油菜 甘蓝 花椰菜 萝卜 芥菜	纸间或水中	30℃温水中浸种3~4或纸间5~6	a. 剥去种皮 b. 切去部分种皮	1.0	2~4	a. 纵切种子使胚中轴露出 b. 切去部分种皮使胚中轴露出	a. 胚根顶端1/3不染色 b. 子叶顶端有部分坏死
葱属(洋葱、韭菜、葱、韭葱、细香葱)	纸间	12	a. 沿扁平面纵切,但不完全切开,基部相连 b. 切去子叶两端,但不损伤胚根及子叶	0.2	0.5~1.5	a. 扯开切口,露出胚 b. 切去一薄层胚乳,使胚露出	a. 种胚和胚乳完全染色 b. 不与胚相连的胚乳有少量不染色
辣椒 甜椒 茄子 番茄	纸间水中	在20~30℃水中3~4,或纸间12	a. 在种子中心刺破种皮和胚乳 b. 切去种子末端,包括一小部分子叶	0.2	0.5~1.5	a. 撕开胚乳,使胚露出 b. 纵切种子使胚露出	胚和胚乳全部染色

续表

种(变种)名	预湿方式	预湿时间/h	染色前的准备	溶液浓度/%	35℃染色时间/h	鉴定前的处理	有生活力种子允许不染色、较弱或坏死的最大面积
芫荽 芹菜 胡萝卜 茴香	水中	在 20～30℃水中 3	a. 纵切种子一半,并撕开胚乳,使胚露出 b. 切去种子末端1/4或1/3	0.1～0.5	6～24	a. 进一步撕开切口,使胚露出 b. 纵切种子露出胚和胚乳	胚和胚乳全部染色
苜蓿属 草木樨属 紫云英	水中	22	无须准备	0.5～1.0	6～24	除去种皮使胚露出	a. 胚根顶端1/3不染色 b. 子叶顶端1/3,如在表面可1/2不染色
莴苣 茼蒿	水中	在 30℃水中浸2～4	a. 纵切种子上半部(非胚根端) b. 切去种子末端包括一部分子叶	0.2	2～3	a. 切去种皮和子叶使胚露出 b. 切开种子末端轻轻挤压,使胚露出	a. 胚根顶端1/3不染色 b. 子叶顶端1/2表面不染色,或1/3弥漫性不染色
向日葵	水中	3～4	纵切种子上半部或除去果壳	1.0	3～4	除去果壳	a. 胚根顶端1/3不染色 b. 子叶顶端表面1/2不染色
甜菜	水中	18	a. 除去盖着种胚的帽状物 b. 沿胚与胚乳之界线切开	0.1～0.5	24～48	扯开切口,使胚露出	a. 胚根顶端1/3不染色 b. 子叶顶端表面1/3不染色
菠菜	水中	3～4	a. 在胚与胚乳之边界刺破种皮 b. 在胚根与子叶之间横切	0.2	0.5～1.5	a. 纵切种子,使胚露出 b. 掰开切口,使胚露出	a. 胚根顶端1/3不染色 b. 子叶顶端表面1/3不染色

7. 记录

将各重复有生活力的种子数填写在生活力的生化（四唑）染色测定记载表中（表7-2），并计算生活力平均百分率。重复间最大容许差距不得超过表7-3的规定，平均百分率计算到最近似的整数。

表7-2　生活力的生化（四唑）测定记载表　　　　No.

样品编号 重复 记载	Ⅰ	Ⅱ	Ⅲ	Ⅳ	平均百分率
检测粒数					
有生活力粒数					
无生活力粒数					
硬实粒数					

作物名称

附加说明
　预处理方法：　　　　　溶液浓度：
　染色时间：　　　　　　染色温度：

检验员：　　　　　　　　　　　校核员：

表 7-3　生活力测定重复间的最大容许差距

平均生活力百分率/%		重复间容许的最大差距/%		
1	2	4 次重复	3 次重复	2 次重复
99	2	5	—	—
98	3	6	5	—
97	4	7	6	6
96	5	8	7	6
95	6	9	8	7
93~94	7~8	10	9	8
91~92	9~10	11	10	9
90	11	12	11	9
89	12	12	11	10
88	13	13	12	10
87	14	13	12	11
84~86	15~17	14	13	11
81~83	18~20	15	14	12
78~80	21~23	16	15	13
76~77	24~25	17	16	13
73~75	26~28	17	16	14
71~72	29~30	18	16	14
69~70	31~32	18	17	14
67~68	33~34	18	17	15
64~66	35~37	19	17	15
56~63	38~45	19	18	15
55	46	20	18	15
51~54	47~50	20	18	16

8. 核查

检测完成后，由另一检验员核查以下内容：

① 部分染色种子鉴定归属的正确性。

② 方法的准确性。

③ 计算结果与容许差距等。

四、种子生活力测定的其他方法

1. 红墨水（酸性大红 G）染色法

（1）原理

有生活力的种子其胚细胞的原生质具有半透性，有选择吸收外界物质能力，某些染料如红墨水中的酸性大红 G 不能进入细胞内，胚部不染色。而丧失活力的种子其胚部细胞原生质膜丧失了选择吸收的能力，染料进入细胞内使胚部染色，所以可根据种子胚部是否染色来判断种子的生活力。

（2）试剂

红墨水溶液的配制：取市售红墨水稀释 20 倍（1 份红墨水加 19 份自来水）作为染色剂。

（3）操作程序

① 先将待测种子用水浸泡 3～4h，使其充分吸胀。

② 取浸好的种子四个重复各 100 粒，如为小麦和玉米，则用单面刀片沿胚部中线纵切成两半，其中一半用于测定。

③ 将切好的种子分别放在培养皿内，加入红墨水溶液，以浸没种子为度。

④ 染色 10～20min 后倾出溶液，用自来水反复冲洗种子，直到所染颜色不再洗出为止。

⑤ 对比观察冲洗后的种子胚部着色情况。凡胚部不着色或略带浅红色者，即具有生活力的种子，若胚部染成与胚乳相同的红色，则为死种子，计算测定结果百分率记入表 7-4 中。

表 7-4　染色法测定种子生活力记载表

重复数	供试粒数	有生活力种子粒数	无生活力种子粒数	有生活力种子占供式粒数的百分率/%
1				
2				
3				
4				

2. 碘化钾反应法

（1）原理　某些种子（松属、云杉属和落叶松属）在发芽过程中，胚内会形成和积累淀粉。淀粉在碘试剂作用下产生蓝色反应，从而可根据胚中产生蓝色反应的程度来判断种子的生活力。

（2）试剂药品　碘-碘化钾溶液：把 1.3g 碘化钾溶解在水中，再加入 0.3g 结晶碘，然后定容至 100mL。

（3）操作程序

① 将种子在水中浸泡 18h，取出放在垫有湿滤纸的培养皿内，将培养皿置于 30℃恒温箱中。松和云杉种子放 48h，落叶松放 72h。

② 用刀片把胚部切下，然后浸入碘-碘化钾溶液中 20～30min 后，取出胚用水冲洗 12min，然后在垫有白纸的玻璃板上进行观察。

③ 鉴别种子生活力的标准　有生活力种子的胚部全部染成不同程度的黑色至灰色，或者胚根部呈褐色，子叶为黄色。无生活力种子的胚部全部染成黄色，或子叶呈灰色或黑色，

胚根呈黄色，或胚根末端呈黑色或灰色，而其他部分呈黄色。

此法适于松属、云杉属和落叶松属种子生活力的测定。

3. 荧光法

（1）原理 植物种子中常含有一些能够在紫外线照射下产生荧光的物质，如某些黄酮类、香豆素类、酚类物质等。在种子衰老过程中，这些荧光物质的结构和成分往往发生变化，因而荧光的颜色也相应地有所改变；有些种子在衰老死亡过程中，内含荧光物质的结构和成分虽然没有改变，但由于生活力衰退，细胞的原生质透性增加，当浸泡种子时，细胞内的荧光物质很容易外渗。因此，可以根据前一种情况直接观察种胚荧光的颜色，或根据后一种情况观察荧光物质渗出的多少来鉴定种子的生活力。

（2）仪器设备 紫外光灯，白纸（不产生荧光的），刀片，镊子，培养皿，烧杯。

（3）操作程序

① 直接观察法 该法适用于禾谷类、松柏类及某些蔷薇科果树种子生活力的鉴定，但种间的差异较大。

用刀片沿种子的中心线将种子切为两半，使其切面向上放在无荧光的白纸上，置于紫外光灯下照射并进行观察、记载。有生活力的种子在紫外光的照射下将产生明亮的蓝色、蓝紫色或蓝绿色的荧光；丧失生活力的死种子在紫外光照射下多呈黄色、褐色以至暗淡无光，并带有多种斑点。

随机选取100粒待测种子两个重复，按上述方法进行观察并记载有生活力及丧失生活力的种子的数目，然后计算有生活力种子所占百分数。

② 纸上荧光法 随机选取100粒完整无损的种子两个重复，置烧杯内加蒸馏水浸泡10~15min使种子吸胀，然后将种子沥干，再按0.5cm的距离摆放在湿滤纸上（滤纸上水分不宜过多，防止荧光物质疏散），以培养皿覆盖静置数小时后将滤纸（或连同上面摆放的种子）风干（或用电吹风吹干）。置紫外光灯下照射，可以看到摆过死种子的周围有一圈明亮的荧光团，而具有生活力的种子周围则无此现象。根据滤纸上显现的荧光团的数目就可以测出丧失生活力的种子的数量，并由此计算出有生活力种子所占的百分率。

该方法应用于白菜、萝卜等十字花科植物种子生活力的鉴定效果很好。但对于一些在衰老、死亡后减弱或失去荧光的种子便不适用此法，只宜采用直接观察法。

任务三 种子活力测定

种子活力是指种子的健壮程度，是表示种子生产潜力的重要指标。2002年ISTA已将种子活力测定列入《2003国际种子检验规程》，种子活力已成为种子质量的新指标。我国农业部种子检验处也将种子活力测定列入国家标准《农作物种子检验规程》。由此可见，种子活力测定已成为种子质量的新检测项目。尤其在目前农业生产推广精量单粒点播对种子活力要求更高的情况下，准确测定种子活力显得更加重要。

一、种子活力测定基本知识

（一）种子活力的概念

种子活力就是种子的健壮度。在广泛的环境条件下，健壮种子（即高活力种子）发芽出苗迅速、整齐，而且幼苗生长健壮，抵抗不良环境条件的能力强。而在适宜条件下，低活力种子虽然能发芽，但发芽、出苗速度慢，在不良条件下则表现为出苗不整齐，幼苗细弱，甚至不出苗。

（二）种子生活力、种子发芽率和种子活力的关系

种子活力、种子生活力和发芽率都是衡量种子质量的重要指标，三者之间既有区别又相互联系。

1. 种子生活力是指种子发芽的潜在能力或种胚所具有的生命力，通常用供检样品中活种子数占样品总数的百分率表示。

2. 种子发芽率是指种子在适宜条件下（检验室可控制的条件下）长成正常植株的能力，通常用供检样品长成正常植株幼苗数占样品总数的百分率表示。

1999版《国际种子检验规程》指出，在下列6种情况下，如果鉴定正确，生活力测定的结果与发芽率测定的结果基本一致，即种子生活力和发芽百分率没有明显的差异：①无休眠、无硬实或通过适宜的预处理破除休眠和硬实。②没有感染或已经过适宜的清洁处理。③在加工时未受到不利条件或贮藏期间未用有害化学药品处理。④尚未发生萌芽。⑤在正常或延长的发芽试验中未发生劣变。⑥发芽试验是在适宜的条件下进行的。

发芽率是世界各国制定种子质量标准的主要指标，在种子认证和种子检验中得到广泛应用。由于种子生活力四唑染色测定快速，有时可用其来暂时替代来不及发芽的发芽率，但最

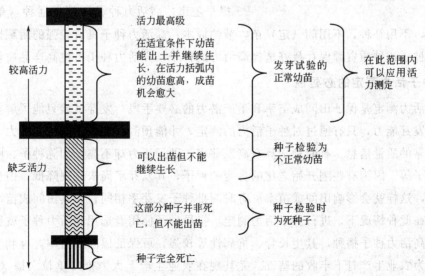

图7-4　种子生活力、发芽率、活力三者的关系（Isely，1957）

后的结果还是要用发芽率作为正式的数据。

3. 种子活力通常是指田间条件下的出苗能力及与此有关的生产性能和生理生化指标。高活力的种子一定具有高的发芽率和生活力，能抵抗各种不良环境条件，发芽出苗迅速整齐。具有高发芽率的种子也必定具有高的生活力，但具有生活力的种子不一定都具有发芽力，能发芽的种子活力也不一定高，这正是检验室测定的发芽率与田间出苗率表现有时不相符的原因所在。

1957年，Isely就种子发芽力与种子活力之间的关系用图解来表示（图7-4）。图中最长的那条横线是区别种子活力高低的界线，在此线以上，表明种子具有发芽能力，常规发芽试验定为正常幼苗，适用于活力测定；在此线以下是属于低活力的种子，其中有部分种子虽然能发芽，但常规发芽试验时表现为不正常幼苗。

1960年，Delouche等也用图解表示了种子生活力与种子活力之间的关系（图7-5）。由图7-5可知，种子活力的变化总是先于种子生活力的变化，当种子生活力并没有下降时，种子活力已有所下降（图中X点）；而当种子生活力达50%时，种子活力仅为10%（图中Y点），此时的种子已没有实际应用价值。

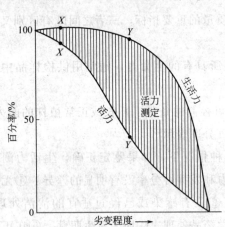

图 7-5 种子生活力与种子活力
的关系（Delouche & Caldwell, 1960）
（注：阴影区指活力与生活力的差异差距，
可用活力测定法加以检测）

（三）种子活力测定的作用

1. 高活力种子在农业生产上的意义

高活力种子提高田间出苗率，确保全苗、壮苗和作物的田间密度，有利于提高作物产量；高活力种子具有较强的抗逆性，对不良土壤条件、温度条件及病虫草等侵染有较强的抵抗力；高活力种子抗寒性强，适于早播，提高产量，蔬菜可提早上市；高活力种子可精量播种（单粒点播），保证全苗，不用补种，不用间（定）苗，节约成本；高活力种子具有较强的耐藏性，需要长期贮藏的种子或种质资源保存最好选择高活力的种子；高活力种子可提高产品质量。

2. 种子活力测定的必要性

（1）活力测定是保证田间成苗率和生产潜力的必要手段　发芽试验只能了解在适宜条件下种子的发芽能力，只有通过对种子活力的测定，才能预测真实的田间成苗能力，才能为播种提供可靠的质量信息。有时种子具有高发芽率，种子活力却不高，如陈种子、刚开始老化劣变的种子等。因为有些刚开始老化的劣变的种子，其发芽率尚未表现降低，但种子活力却表现较低，这样就会影响田间成苗率。有时两批种子发芽率相同，但其田间成苗率却存在很大差异。在此种情况下，进行种子活力测定，指导种子使用者选用高活力种子就显得十分必要。采用高活力种子播种，其生长势、抗病性等较强，可保证田间出苗率，有利于农作物健壮生长，为农业生产打下丰收的基础。尤其现在农业生产上大力推广单粒穴播（玉米），种子活力测定显得更加重要。

（2）活力测定是种子企业中必不可缺的环节　种子收获后在进行干燥、清选、加工、贮藏等处理过程中，因种子加工机械的特点及种子本身的特殊性，如某些条件和技术不适宜，均可能造成种子机械损伤或生理劣变，使种子活力降低。因此，及时测定种子活力，从中找出种子生产过程不适宜条件，及时改进加工、处理或贮藏条件，保持和提高种子活力，提高种子质量。

（3）活力测定是育种工作者必须采用的方法　育种工作者在选择抗病、抗寒、抗逆、早熟、丰产的新品种时都应进行活力测定，并注意有些作物幼苗的形态特征，如子叶大小、芽鞘开裂性等，因为这些特性与种子活力密切相关。

（4）活力测定是种子生理工作者研究种子劣变机理的必要方法　从种子形成发育、种子成熟到播种，种子时刻都在进行着或好或坏的各种变化。种子生理工作者可采用生理生化和细胞学等方面的种子活力测定方法，研究种子劣变机理，从而改善和提高种子活力。

（四）种子活力测定方法的原则和要求

1. 选用原则

（1）根据作物的特性选用适宜的方法　如低温试验和冷发芽法适用于发芽期间耐寒性较差的喜温作物，如大豆、玉米等；不适用于耐寒性较强的作物，如小麦、大麦、油菜等。电导率测定是豌豆种子的典型测定方法，其测定结果与田间出苗呈高度的相关；可是对其他作物种子并非适合，其测定结果与田间出苗相关性较差。

（2）根据当地土壤气候条件选用适宜的方法　如低温试验适用于早春播种季节低温气候条件，不适用于早春温暖地区；砖砂试验适用于黏土地区或雨后土壤板结情况，不适用于土壤较为疏松的地区。

2. 选用要求

在选用活力测定方法时主要应考虑以下因素：①经济实惠，仪器设备不能太昂贵；②简便易行，测定技术不太复杂，不必进行特别的训练就能掌握测定方法；③快速省时，短期内就可获得活力测定结果；④结果准确可靠，能真实反映种子批的活力水平，且与田间出苗率有高度的相关性；⑤重演性好，在同一实验室的不同检验人员间或不同实验室间均能获得较一致的结果。

二、种子活力测定方法

种子活力测定方法种类多达数十种，分为直接法和间接法两大类。直接法是在实验室条件下，模拟田间不良条件测定种子批出苗率的方法，如低温发芽试验是模拟早春播种期的低温条件，砖砂（砾）试验是模拟田间板结土壤或黏土地区的条件。间接法是在实验室内测定与田间出苗率（活力）相关的种子特性的方法，如酶活性、呼吸强度测定、电导率测定、加速老化试验等。

（一）种子活力电导率测定

高活力的种子细胞膜完整性好，种子浸入水中后渗出的可溶性物质或电解质少，浸泡液的电导率较低。电导率与田间出苗率呈显著的负相关，借此可用电导率的高低判别种子活力的高低。大粒豆类种子的电导率测定结果同标准发芽率相比与田间出苗率具有更高的相关性。

1. 测定原理

种子劣变发生于种子成熟前和发芽前的吸胀。其所引起的细胞膜完整性变化是造成种子活力差异的最主要原因。在种子吸胀初期，细胞膜的恢复和修补将影响种子的渗漏率。种子重组恢复细胞膜的速度越快，则渗漏液越少。高活力种子修复细胞膜能力强，而低活力种子修复细胞膜能力较差，因此，高活力种子所测量的电导率比低活力种子小。一般来说，种子愈衰老，水中的电解质愈多，电导率愈高，活力愈低，与种子活力水平成反比关系。因此我们可以利用电导仪来测定种子浸出液的电导率，从而间接判断种子批的活力水平，评价种子质量。

2. 仪器和药品

(1) 电导仪 我国目前通常使用上海第二分析仪器厂生产的 DDS-11A 型电导仪。

(2) 水 最好使用去离子水，也可使用重蒸馏水。凡使用的水必须进行电导率测定，在20℃下，去离子水电导率不超过 $2\mu S/cm$；蒸馏水电导率不超过 $5\mu S/cm$。使用前水应保持在 (20±1)℃。

(3) 烧杯或容器 为了保证有适宜的水浸没种子和电极，烧杯或容器的容量为 500mL，基部宽 80mm±5mm。容器使用前必须冲洗干净，并用去离子水或重蒸馏水冲洗两次。

(4) 发芽箱、培养箱或发芽室 满足保持 (20±1)℃ 的恒温。

3. 测定程序

① 随机从种子批净种子中数取试样 2 份，各 50 粒称重，保留小数点后 2 位数。取 3 个玻璃烧杯，直径最好是 80mm±5mm，用热水和无离子水洗净。将试样放入杯内，加无离子水 250mL，另一杯内加无离子水作对照。

② 将所有烧杯用铝箔或塑料薄膜盖好，于 20℃±1℃ 条件下浸泡 24h。

③ 用清洁塑料网取出种子。用电导仪测定浸泡液和对照液的电导率值，单位微西门子 (μS)，再将样品电导率值减去对照杯中液体的电导率值。

④ 按以下公式求出两份试样的平均电导率 $[\mu S/(cm \cdot g)]$。

$$电导率 = \left(\frac{样品1的值}{样品1的50粒种子重量} + \frac{样品2的值}{样品2的50粒种子重量} \right)/2$$

两份样品电导率差值超过 $4\mu S/(cm \cdot g)$ 时则应重新试验。当电导率高于 $30\mu S/(cm \cdot g)$ 时，则容许差距为 $5\mu S/(cm \cdot g)$。实验证明电导率与田间出苗率成明显负相关。

试验结果受许多因素，如种子大小、完整性、种子水分、容器大小、溶液体积等的影响。因此，电导率测定时应注意掌握以下几个主要环节：a. 浸泡种子务必用重蒸馏无离子水。b. 种子试样必须精细挑选完整无损的籽粒、大小均匀、数量相等。c. 预先在恒温、恒湿条件下均衡种子含水量，并应测知种子含水量是否符合 10%～14%。d. 严格掌握温度和浸泡时间，一般 20～30℃，时间不超过 24h 为宜。e. 电导仪应按规定要求进行校对。f. 操作过程中应尽量避免一些细节上的忽略而导致的误差，如每次测试后都必须用无离子水冲洗电极，并用洁净滤纸定量吸干后方能继续使用。

已列入《2003 国际种子检验规程》的豌豆种子浸出液电导率测定标准化技术，对仪器、用品和测定条件都作出了明确严格的规定。

a. 电导仪精密度至少达到 $0.1\mu S/(cm \cdot g)$，测定前应用标准 KCl 溶液标定，精确度在 $\pm 1\%$。

b. 烧杯容积 $400\sim500mL$，直径 $80mm\pm5mm$。

c. 在 20℃时无离子水的电导率不应超过 $5\mu S/(cm \cdot g)$。

d. 试验样品种子水分应在测定前调节到 $10\%\sim14\%$ 范围内。

e. 测定温度应控制在 $20℃\pm2℃$ 范围。

f. 测定时间 $24h\pm15min$，加盖防尘。

g. 测定前浸出液应混合均匀，设置对照。

h. 计算结果应扣除对照的电导率，正确计算样品平均电导率 $[\mu S/(cm \cdot g)]$，并核对容许差距。

（二）种子加速老化试验

1. 测定原理

加速老化试验是将种子贮藏在高温（40～45℃）、高湿（100％相对湿度）条件下，使种子加速老化，其劣变程度在几天内相当于数月或数年之久。高活力种子能忍受逆境条件处理，劣变较慢，经老化处理后，仍能正常发芽；而低活力种子劣变较快，经老化处理后，产生不正常幼苗或全部死亡，依此鉴定种子活力高低。

2. 适用范围与局限性

《国际种子检验规程》（草案）所规范的加速老化试验适用于大豆种子。ISTA 手册指出此法也适用于许多其他种。不同作物种子老化温度和时间见表 7-5。

表 7-5 不同作物种子加速老化试验的温度和时间

作 物	内 箱		外 箱		老化后种子水分/%
	种子重量/g	数目箱	老化温度/℃	老化时间/h	
大豆	42	1	41	72	27～30
苜蓿	3.5	1	41	72	40～44
菜豆(干)	42	1	41	72	27～30
（法国）	50	2	45	48	26～30
（菜园）	30	2	41	72	31～32
油菜	1	1	41	72	39～44
玉米(大田)	40	2	45	72	26～29
（甜）	24	1	41	72	31～35
莴苣	0.5	1	41	72	38～41
洋葱	1	1	41	72	40～45
红花属	2	1	41	72	40～45
三叶草	1	1	41	72	39～44
苇状羊茅	1	1	41	72	47～53
番茄	1	1	41	72	44～46
小麦	20	1	41	72	28～30
黑麦草	1	1	41	48	36～38
绿豆	40	1	45	96	27～32
高粱	15	1	43	72	28～30
烟草	0.2	1	43	72	40～50

3. 仪器和药品

（1）种子老化箱　种子老化箱主要由老化内箱和老化外箱组成。老化内箱最好为带盖的塑料盒，大小为11.0cm×11.0cm×3.5cm，内有一个网架盘10.0cm×10.0cm×3.0cm（网孔为14mm×18mm）。老化外箱：水调培养箱在所有水平保持恒温（41±0.3）℃，不能凝结。

如果没有水调培养箱，其他有加水的加热培养箱也可。使用这些培养箱，水应在外箱内，以防凝结。水掉在内箱盒上，会在盖内产生凝结，提高种子水分，降低种子发芽率，增加发霉。所以，当外箱有大量凝结时，小心保护内箱在老化期间的小水点积累。外箱通常不用很准确的温度控制，需要附加控制保持温度均匀。

（2）电子分析天平　感量为0.001g。

（3）水　蒸馏水或去离子水。

（4）其他用品　有刻度的容量杯、铝盒、发芽试验设备等。

4. 测定程序

（1）预备试验

① 检查老化外箱　检查老化外箱的温度必须经过国家标准计量器或类似的温度计的检定。

② 检查温度　收集按检验室质量手册规定的程序或系统进行操作的老化箱的温度和其均匀度的记录数据。数据显示达到规定温度的情况下才能进行加速老化试验测定（如大豆种子，所有水平应达到41℃±0.3℃下才能进行加速老化试验测定）。

③ 保证老化内箱的清洁度　为了防止病菌污染，有记录表明上一次使用过的老化内箱、盖和网架已经过热消毒或用15%的氢氧化钠溶液清洗干净并烘干，才能进行加速老化测定。

（2）测定每一种子批的程序

① 检查种子水分　采用烘箱法测定种子批的水分，对于水分低于10%或高于14%的种子批，应在加速老化测定前将其水分调节到10%～14%。记录种子水分，确定是否必须提高或降低种子水分至规定范围。

② 准备老化内箱　把40mL蒸馏水或去离子水放入老化内箱，然后插入网架，确信水不渗到网架和种子上。如果在处理时种子渗到水，用另一准备试样种子替代。

从净种子中称取42g（至少含有200粒种子），称重后放在网架上，摊成一层。老化的种子最好不要经过处理，但是，如果该作物种子是以杀菌剂处理销售的，可以使用处理种子。每次外箱用于加速老化测定应包括一个对照样品。保证每一内箱有盖（不要封口）。

③ 使用老化外箱　内箱排放在架上，同时放入外箱内。为了使温度均匀一致，外箱内的两个内箱之间间隔大约为2.5cm。

记录内箱放入外箱的时间，准确监控老化外箱的温度在规定的范围和时间内，如大豆种子在（41±0.3）℃温度下保持72h。

注意：在老化规定时间内不能打开外箱的门，如果这时已经打开门，应从箱中取出种子，重新进行测定。

④ 发芽试验　经 72h 老化时间后，从外箱中取出内箱，记录这时的时间。取出一小时内用 50 粒四个重复进行标准发芽试验。在同一天内如果有许多种子进行老化试验，样品应进行分类，在两个老化外箱的试验应间隔 1h，以便有足够时间在老化后进行置床发芽。

⑤ 检查老化后对照样品的水分　在老化结束时进行标准发芽试验前，从内箱中取出对照样品的一个小样品（10～20 粒），立即称重，用烘箱法测定种子水分（以鲜重为基础）。记录对照样品种子水分，如果种子水分低于或高于规定的值（大豆种子老化后的水分应在 27%～30%），则试验结果不准确，应重作试验。

⑥ 结果计算与表示　用 50 粒四次重复的平均结果表示人工老化发芽结果，以百分率表示。

⑦ 结果解释　种子加速老化测定并不提供一个绝对的活力范围，只是通过一段时间的高温高湿逆境后进行发芽试验的结果。此结果与老化前同一种子批的发芽试验结果比较，如果种子经加速老化测定结果类同于标准发芽试验结果为高活力种子，低于标准发芽试验结果为中至低活力种子。因此可用该结果来排列种子批活力，从而来判定种子批的贮藏潜力或每一种子批的播种潜力。

（三）幼苗生长速率测定

1. 适用作物

种子经过一定发芽时间后幼苗的长度是种子在该发芽时间内的产物，即为初期发芽及其后的生长速率。幼苗生长测定适于具有直立胚芽和胚根的禾谷类和蔬菜类作物种子。生长势强的幼苗多表现为幼根或幼芽生长迅速，一般也与田间出苗率的趋势相一致，因此应用较普遍。

2. 仪器和药品

① 硬质的吸水纸巾，30cm×45cm。也可用滤纸或墨水纸，但要求潮湿时，纸必须保持一定的强硬度，并且不会在种子周围凹陷。在纸的长轴中心画一条横线，并在中心线的两边每隔 2cm 各画五条平行线，在中心线上每隔 1cm 标明一个点，以便将种子放在各点上。

② 无毒橡胶黏合液。

③ 恒温箱，调节到 20℃±1℃，高湿度，无光。

④ 金属丝筐或聚乙烯盒，用以放置直立纸巾卷。

3. 测定程序

① 数取试样 4 份，每份 25 粒。

② 取发芽纸或滤纸 3 张（30cm×45cm），从中取一张纸划线标记刻度。先沿纸的长轴

中心画一条横线，然后沿中心线的上、下两侧各画 5 条平行线，间隔 2cm（图 7-6）。

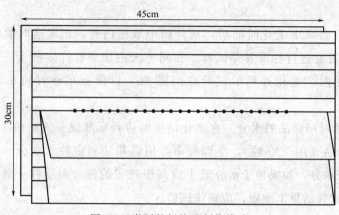

图 7-6　卷纸的规格及制作模式

③ 在中心线上间隔 1cm 标 1 个点，共 25 个点。在每个点上用无毒黏合剂将种子粘在标定的中心线的指定位置上，胚芽与平行线呈垂直角度。

④ 最后盖上 2 层湿润的发芽纸或滤纸，纸的基部向上折叠 2cm。将纸疏松地卷成筒状，用橡皮筋扎好，将纸卷直立放入烧杯等容器内，上用塑料袋覆盖。

⑤ 置于规定温度的培养箱内暗培养 7d，取出，统计苗长，计算每对平行线之间的胚芽或胚根尖数目，按下列公式计算幼苗平均长度。

$$L = \frac{(nx_1 + nx_2 + \cdots + nx_n)}{N}$$

式中　L——幼苗平均长度，cm；

　　　n——每对平行线之间的胚芽或胚根尖数目；

　　　x——两平行线中点至中心线（种子）的距离，cm；

　　　N——供试种子数。

4. 注意事项

测定时期以试验前期较准确。通常双子叶植物测定幼根长度，禾谷类作物测定幼芽长度。试验中，凡不正常幼苗均不计入幼苗长度统计之内。

对于莴苣等直根系小粒蔬菜作物种子，可用玻璃板发芽法测定其幼根长度，以平均根长表示种子活力水平。方法是取吸水纸或滤纸 2 张，其中 1 张划一条中线，湿润后贴在玻璃板上，再将 25～50 粒种子等距离排列在吸水纸中线上，盖上另 1 张湿润的吸水纸后，将玻璃板呈 70°角斜放在水盘中，置于 25℃发芽箱内黑暗条件下培养 3d 后，测量根的长度，计算平均值。

（四）砖砾（砂）法测定

砖砾法也称希尔特纳试验，此法最早是由德国 Hiltner 倡议用来鉴定禾谷类种子播种后受病菌感染程度的方法，后来发现种子感病率的高低与种子本身健壮度有密切关系，进而被推荐用来鉴定禾谷类作物种子质量的一种特殊方法。

1. 测定原理

模拟黏土地区土壤的机械压力，受损伤、带病及低活力种子芽鞘顶出砖砾的能力弱，高活力种子则顶出砖砾的能力强。

2. 适用范围

ISTA 和 AOSA 的种子活力测定手册均将此法列为主要方法之一。ISTA 的《种子活力测定方法手册》中推荐此法应用于禾谷类作物、大粒豆类、菠菜、芥菜、甜菜、胡萝卜、棉花、花生及三叶草等牧草种子。

3. 仪器及备品

① 砖粒用砖块压制而成砖砾，最大颗粒为 2～3mm，或用颗粒大小为 2～3mm 的粗砂。每次测定前必须将基质洗净、消毒；若使用多次，需要检验其化学残留物。

② 测量容器用于定量砖砾、水，并在盒中铺上一层充分潮湿砖砾。

③ 带盖的容器，至少可装入 5.5kg 的砖砾和 1250mL 水混合物。水平仪使盒中砖粒达到水平。

④ 培养箱要保持 20℃ 黑暗条件，对休眠的种子还需要有能预先放在 5～10℃ 下预先冷冻 7d 的设备。

⑤ 装有软管及筛板的水桶，以便从砖粒中洗出细小的颗粒、种子的残留物及化合物。

4. 测定程序

① 将磨碎至 2～3mm 的砖砂（或粗砂）进行消毒处理，然后铺在长方形塑料发芽盒内（9cm×9cm×4.5cm），加水使砖砂湿润。

② 播种 100 粒净种子，重复 2～4 次，播种时应注意种子之间保持一定间隔，以免病菌相互传染。

③ 盖上一层 3cm 厚的湿润砖砂。每一发芽盒内应有砖砂 550g，水分 125mL。

④ 最后盖上盒盖，将发芽盒置于室温（约 20℃）、黑暗条件下 10～14d，待幼苗出土后，将盒盖揭开，到期即可结束。

5. 记录和报告

在测定结束时，记录顶出砖粒的正常幼苗数，分别记载计算出土幼苗的百分率及其中壮苗和弱苗的百分率。再倒出种子盒中的砖砂，从砂床中取出全部幼苗，评价不出土幼苗中畸形苗和受病菌感染幼苗的百分率，根据测定结果可对种子批的质量作出较全面的评价。此法因砖砾供应困难，手续烦琐，重演性不好等原因，应用有一定局限性。

复习思考题

1. 请阐述种子千粒重测定的意义。课后用百粒法测定玉米种子千粒重，千粒法测定大豆种子千粒重，并写出操作程序。

2. 请阐述种子生活力的概念和测定意义。种子生活力测定的方法有哪几类？

3. 以玉米为例简述四唑染色法测定种子生活力的原理和步骤、鉴定标准。

4. 查找相关资料，试述靛蓝染色法、红墨水测定种子生活力的原理及鉴定区别。

5. 查找相关资料，试述种子活力测定有何意义及测定的必要性。

6. 种子活力测定的方法有哪几类？

7. 某蔬菜种子公司有一批豌豆种子，有一蔬菜生产大户为抢农时，春天要提前播种，请问公司用哪种方法检测种子活力用来指导生产？

项目八　检验结果的报告

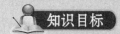

知识目标

● 了解种子检验报告的格式、内容。

技能目标

● 能正确填写种子检验结果原始记录、报告单；能正确进行数据修约。

检验结果报告（或证书）是种子检验的最后产物，只有检验报告的信息完整与准确，才能使检验具有指导意义。填写和签发检验报告是种子检验中一项十分严肃认真的工作，需要高度负责。种子检验结果报告单中的内容和数据必须认真填写，书写清楚，准确无误，不得涂改，否则会给种子生产者、加工者、经营者及种植者造成严重的经济损失。GB/T 3543.1—1995《农作物种子检验规程　总则》第六章中规定了结果报告单的签发条件，并原则性地规定了结果报告单的格式和填报内容，种子检验员必须按照上述要求进行填写。

任务一　了解检测记载表的格式及内容

种子检验室检测工作有其工作流程，种子检验记载表正是流程中每个环节的原始记载媒介，它是种子检验结果的最终体现。检测记载表的科学规范与否直接影响到检验报告结果的科学性、准确性和可靠性，直接关系到种子检验室的运转效益及检验室的信誉度。

一、种子检测记载表设计原则

根据国标种子检验规程和国内种子检验室的一些有效做法，检测记载表的设计原则如下。

① 表格内容要体现检验规程有关"检验报告"必须填写的内容和附加说明的原则性规定，所有检测数据必须要有可追溯性。

② 积极吸收国外种子检验室的一些有益做法，如把不同检测项目的表格（切忌把不同样品的同一检测项目的检测值填在一起）合并成检测卡，既节约又便于归档。

③ 不同性质或不同作物的检验制成不同颜色，便于管理和查阅。

二、检测记载表种类

1. 样品的扦取、接收、登记和运转

主要有种子扦样单、种子检验样品申报单、样品登记卡、登记卡（用微机打印，粘在检测卡上）或样品流程单。

2. 样品的检测

我国目前种子检验室检测项目主要有净度分析记载表、其他植物种子数目测定记载表、重量测定记载表、水分测定记载表、发芽试验记载表、生活力的生化（四唑）测定记载表、真实性与品种纯度鉴定记载表（室内）、真实性与品种纯度鉴定记载表（田间小区种植鉴定）、种子健康测定记载表。

3. 种子扦样单和检测记载表的格式与内容

常用的扦样单和检测记载表的格式及其填报内容在各检验项目中作了说明。

在种子检测工作过程中，首先要考虑本检验室经常检测的项目，将这些项目制成一纸多表。如净度分析、其他植物种子数目测定和发芽试验是经常检测项目，可以合起来使用（纸左上角为登记卡，纸正面为净度分析和其他植物种子数目测定，纸反面为发芽试验），水分测定可用单独一张表格。

任务二　填写种子检验报告

种子检验报告是指按照 GB/T 3543.1～3543.7—1995 进行扦样、检测而获得检验结果的一种证书表格。

一、签发检验报告的条件

① 签发检验报告的机构目前从事检测工作并且是考核合格的机构。

② 被检种属于规程所列举的一个种。

③ 检验按规程规定的方法进行。

④ 种子批与规程规定的要求相符合。种子批的每个容器必须封口并有批号。只有这样，检验报告才能与种子批联系起来，实现可追溯性。

⑤ 送验样品是按规程要求扦取和处理的。报告上的检测项目所报告的结果只能从同一种子批同一送验样品中获取，供水分测定的样品需要防湿包装。

上述第④和第⑤条的规定只适用于签发种子批的检验报告，对于一般委托检验等只对样品负责的检验报告，不必要求符合第④和第⑤条的规定。

二、检验报告的内容和要求

1. 检验报告的内容

检验报告通常包括以下内容。

① 标题。

② 检验机构的名称和地址。

③ 用户名称和地址。

④ 扦样及封缄单位的名称。

⑤ 报告的唯一识别编号。

⑥ 种子批号及封缄。

⑦ 来样数量、代表数量（即批重）。

⑧ 扦样日期。

⑨ 接收样品日期。

⑩ 样品编号。

⑪ 检验日期。

⑫ 检验项目和结果。

⑬ 有关检验方法的说明。

⑭ 对检验结论的说明。

⑮ 签发人。

2. 检验报告要求

① 报告内容中的文字和数据填报，最好采用电脑进行打印而不用手写。

② 报告不能有添加、修改、替换或涂改的迹象。

③ 在同一时间内，有效报告只能有一份（请不要混淆：检验报告一式两份，一份给予委托方，另一份与原始记录一同存档）。

④ 报告要为用户保密，并作为档案保存6年。

⑤ 检验报告的印刷质量要好。检测结果要按照规程规定的计算、表示和报告要求进行填报，如果某一项目未检验，填写"−N−"表示"未检验"（not tested）。

未列入规程的补充分析结果，只有在按规程规定方法测定后才可列入，并在相应栏中注明。

若在检验结束前急需了解某一测定项目的结果，可签发临时结果报告，即在结果报告上附有"最后结果报告将在检验结束时签发"的说明。

三、检验报告的填写

1. 表头信息的填写

① 签发检验报告的单位名称和地址应采用全称。

② 日期填写格式按照年-月-日（CCYY-MM-DD），如：1997-03-06。

③ 检验报告上应用印章注明"正本"或"副本"。

④ 种的学名与 GB/T 3543.2—1995 表 1 一致，不能确定种名的，可用属名。

2. 检测内容的填写

（1）净度分析

① 净种子、杂质和其他植物种子的重量百分率保留一位小数，三种成分之和为 100.0%。

② 成分小于 0.05% 的，填报"TR"（微量）。

③ 杂质和其他植物种子栏的检测结果必须填报，如果检测结果为零，填报"—0.0—"或"NIL"。

④ 其他植物种子的学名以及杂质种类必须在报告上填报。

⑤ 如果某一杂质种类、其他植物种或复粒种子单位（MSU）的含量超过 1% 或更多时，必须在报告上填报。同样，如果应用户要求，超过 0.1% 的须填报，也应在报告上注明。

⑥ 其他植物种子也可按其他作物种子和杂草种子分列。

（2）发芽试验

① 发芽试验以最近似的整数填报，并按正常幼苗、硬实、新鲜不发芽种子、不正常幼苗和死种子分类填报。

② 正常幼苗、硬实、新鲜不发芽种子、不正常幼苗和死种子以百分率表示，总和为 100%。如果某一项目为零，则该项目栏须填报为"—0—"。

③ 如果发芽试验时间超过规定的时间，在规定栏中填报末次计数的发芽率。超过规定时间以后的正常幼苗数应填报在附加说明中，并采用下列格式："到规定时间 X 天后，有 Y% 为正常幼苗"。

④ 表格中的附加说明一般包括：发芽床、温度、试验持续时间、发芽试验前处理和方法。发芽试验采用的方法用规程中的缩写符号注明，如采用纸间在 20℃ 下进行试验，就用 BP，20℃ 表示。

（3）水分　水分测定项目应填报至最接近的 0.1%。

（4）生活力四唑测定　生活力四唑测定应按下列格式填报："四唑测定：＿＿＿% 有生活力种子"（有硬实也需填报）。

（5）重量测定　重量测定应按下列格式填报："重量（千粒）：＿＿g"。

（6）种子健康测定　种子健康测定应填报病原菌的学名，以及感染的百分率。同时填报测定方法的信息。如对菜豆样品健康的测定：*Ascochyta Fabae* X% 种子感染。

（7）品种纯度鉴定　品种纯度鉴定应填报品种纯度百分率以及附加信息如检测方法、检测样品数等内容。

（8）包衣种子　包衣种子，需在种名后注明哪一种类的包衣种子，如填"玉米，包膜种子"。净包衣种子、杂质和未包衣种子的百分率须分别在"净种子"、"杂质"和"其他植物种子"栏中填报。

3. 其他可填报的内容

种子贸易往往要求报告注明与种子质量真实性有关的说明（如标准、标签、合同等），即符合性情况。规程规定的报告允许在检验报告中注明这些符合性说明（但不是报告的必需内容）。这种符合性说明在很多场合下称为检验结论。

若扦样是另一个检验机构或个人进行的，应在结果报告上注明只对送验样品负责。

4. 有关检测数据的数字修约

（1）种子检验规程的规定

① 称重方面　所有样品称重（包括净度分析、水分测定、重量测定等）时，应符合表 4-2 的要求，即 1g 以下保留四位小数，1～10g 保留三位小数，10～100g 保留两位小数，100～1000g 保留一位小数

② 计算保留位数　净度分析用试样分析时，所有成分的重量百分率应计算到一位小数；用半试样分析，各成分计算保留两位小数。

在多容器种子批异质性测定中，净度与发芽的平均值 X 根据 N 而定，如 N 小于 10，则保留两位小数；如 N 大于或等于 10，则保留三位。指定种子数的平均值根据 N 而定，如 N 小于 10，则保留一位小数；如 N 大于或等于 10，则保留两位小数。

在水分测定时，每一重复用公式计算时保留一位小数。

③ 修约　在净度分析中，最后结果的各成分之和应为 100.0％，小于 0.05％ 的微量成分在计算中应除外。如果其和是 99.9％ 或 100.1％，从最大值（通常是净种子成分）增减 0.1％。在发芽试验中，正常幼苗百分率修约至最接近的整数，0.5 则进位。计算其余成分百分率的整数，并获得其总和。如果总和为 100，修约程序到此结束。

如果总和不是 100，继续执行下列程序：

a. 在不正常幼苗、硬实、新鲜不发芽种子和死种子中，首先找出其百分率中小数部分最大值者，修约此数至最大整数，并作为最终结果。

b. 其次计算其余成分百分率的整数，获得其总和。如果总和为 100，修约程序到此结束；如果不是 100，重复此程序；如果小数部分相同，优先次序为不正常幼苗、硬实、新鲜不发芽种子和死种子。

④ 最后保留位数的规定　净度分析保留一位小数，发芽试验保留整数，水分测定保留一位小数，品种纯度鉴定保留一位整数（检测株数少于 2000 株）或一位小数（检测株数多于 2000 株），生活力测定保留整数，重量测定保留 GB/T 3543.3—1995 表 1 所规定的位数等。

（2）其他方面的规定

① 几个数字相加的和或相减的差，小数后保留位数与各数中小数位数最少者相同。

② 几个数字相乘的积或相除的商，小数后保留位数与各数中小数位数最少者相同。

③ 进行开方、平方、立方运算时，计算结果的有效数字位数与原数字相同。

④ 某些常数、倍数或分数的有效数字位数是无限的，根据需要取其有效数字的位数。

任务三　种子检验数据的计算机处理

针对种子质量全面检验时，数据多、结果计算与容许差距核查过程费时，且极易出差错的现象，浙江大学种子科学中心和计算机中心共同编制了"种子检验数据计算机处理软件"，以解决当时的检验数据处理问题。现随着农作物种子检验新规程（95 年制定）和农作物种子分级新标准（96 年制定）的颁布实施，按照新国标的规定，将有关各项计算公式、容许差距数值修约、分级标准等公式和表格编入软件中，计算机能自动进行运算和查对。重新编制了更加方便、实用的新版"种子检验数据处理软件系统"，供各地种子检验部门使用，以期促进我国种子检验工作现代化的发展。

本软件用于处理种子检验过程的中的各种数据，主要包括：净度分析、水分测定、发芽试验和纯度鉴定。在使用过程中，只要将种子检验的各种数据输入计算机中，该程序会自动按照中华人民共和国国家标准 GB/T 3543.1～3543.7—1995《农作物种子检验规程》中规定的标准进行数据分析和处理，从而得到种子的净度、发芽、水分、纯度等信息，并且可以通过统计分析和容许误差的对比，直接判断该种子样品经检验后是否符合国家标准或抽查是否合格。种子检验结果保存在数据库中，可以随时调出查看，也可以打印出来，供以后查阅。本软件可以将种子信息和检验结果生成一系列正式报表打印出来，这些报表包括：《农作物种子质量扦样单》《样品入库登记表》《检验业务流转卡》《净度分析原始记载表》《水分测定原始记载表》《种子发芽试验原始记载表》《真实性与品种纯度鉴定原始记载表》和《检验报告》。本软件可在 Windows98、Windows2000 和 WindowsXP 上稳定运行。

复习思考题

课后按种子检验规程要求完成一种作物的检测结果报告。

种子检验结果报告单　　　　　　字第　　号

送验单位			产　地	
作物名称			代表数量	
品种名称				
净度分析	净种子/%		其他植物种子/%	杂质/%
	其他植物种子的种类及数目： 　　　　　　　　　　　　　　　　　　　　　　　　完全/有限/简化检验 杂质的种类：			

续表

发芽试验	正常幼苗/%		硬实/%		新鲜不发芽种子/%		不正常幼苗/%		死种子/%
	发芽床　　;温度　　;试验持续时间　　;发芽前处理和方法								
纯度	实验室方法　　　　　　;品种纯度　　　　　%; 田间小区鉴定　　　　　;本品种　　　　%;异品种　　　　%								
水分	水分　　　　　%								
其他测定项目	生活力　　　　　%; 重量(千粒)　　　　g 健康状况:								

检验单位(盖章):　　　检验员(技术负责人):　　　复核员:　　　填报日期:　　年　月　日

种子检测结果记载表

编号 No. _____

检测号 No. _____
作物名称_____
品种名称_____
送验样品重量_____
种子处理情况_____
完成日期_____

一、净度分析记载表

试样与重复		试样重/g	净种子		其他种子		杂质		各成分重量之和/g
			重量/g	百分数/%	重量/g	百分数/%	重量/g	百分数/%	
全/半试样	1								
	2								
分析结果		净种子/%							
其他植物种子种类									
杂质种类									

检验员:　　　　　　　　　　　　　　　　　　　　　　　　校核员:

二、植物种子数目测定记载表

种类	学名	粒数	种类	学名	粒数
1			4		
2			5		
3			6		
合计粒数	_____粒；_____粒/kg				
附加说明	检测方法			试样重量/g	

检验员： 校核员：

三、发芽试验记载表

重复\日期	I			II			III			IV			总计	平均结果/%
	正	死	不	正	死	不	正	死	不	正	死	不		
正常幼苗（正）														
新鲜不发芽种子														
硬实														
死种子（死）														
不正常幼苗（不）														
发芽试验附加信息				不正常幼苗种类描述										

发芽床：
温　度：
试验持续时间：
发芽前处理和方法：
置床时间：

检验员： 校核员：

项目九　田间检验

田间检验主要是为农作物种子生产、检验、种子认证等岗位服务，依据《农作物种子检验员考核大纲》及种子检验员岗位工作实际，制定田间检验部分专业技术知识目标和技能目标。

知识目标

- 种子田生产质量要求（田间标准），品种特征特性，田间检验目的和原则，检验时期与检验项目，田间检验方法，田间检验报告。

技能目标

- 种子生产田的检验频率确定；
- 品种真实性鉴定，异作物和杂株的识别；
- 正确填写种子田间检验报告单。

任务一　学习田间检验基本知识

一、田间检验的有关定义

田间检验是指在种子生产过程中，在田间对品种真实性进行验证，对品种纯度进行鉴定，对作物生长状况、病虫危害、异作物和杂草等情况进行调查，并确定其与特定要求符合性的活动。

品种是经过人工选育或者发现并开发、在形态特征和生物学特性（遗传、生理、细胞、化学、对环境要求等）基本一致，经过反复繁殖或在特定繁殖周期内仍保持其相应的特征特性的栽培植株群体，并有一个公认的名称。

品种真实性是指供检品种与文件记录（如品种描述、标签等）是否相符。

品种纯度是指品种在特征特性方面典型一致的程度，用本品种的株（穗）数占供检本作物株（穗）数的百分数或用一定面积内的杂株（穗）数表示。

特征特性是指品种的植物学形态特征和生物学特性。

杂株率是指检验样区中所有杂株（穗）占检验样区本作物总株（穗）数的百分率。

散粉株率是指检验样区中主轴或分枝超过 50mm 的花药伸出颖壳并在散粉的植株占供检样区本作物总株数的百分率。

淘汰值是在充分考虑种子生产者利益和较少可能判定失误的基础上，把样区内观察到的杂株与标准值进行比较，做出有风险接受或淘汰种子田决定的数值。

二、田间检验作用

在种子生产过程中，田间检验的具体作用是对隔离条件进行检查，防止外来花粉污染导致品种纯度降低；检查种子生产技术落实情况，指导田间去杂、去劣和去雄，防止杂株散粉和自交的发生；通过制种田父、母本生育状况的检查，预测花期相遇情况，对不能良好相遇的田块提出科学的调节措施，确保制种产量；检查制种田病虫害、异作物和杂草混杂等情况，指导田间管理，提高种子质量。田间检验能有效地对品种真实性和纯度进行鉴定，判断生产种子的符合性，对种子质量达不到标准的种子生产田及时报废处理，避免对生产造成影响。田间检验还可以为种子质量认证提供依据。

三、田间检验原则及对田间检验员的要求

（一）田间检验原则

为了核查可能有损于将要收获种子质量的各种情况以及种子田的品种特征特性是否名副其实，确保种子收获时符合种子质量标准的要求，做好田间检验工作，必须坚持以下原则。

① 田间检验员必须熟悉品种的特征特性、种子生产方法和程序，经培训并考核合格。

② 建立品种间相互区别的特征特性描述档案（即品种描述）。

③ 依据不同作物和有关信息，计划和实施能覆盖种子田的、有代表性的、符合标准要求的取样程序和方法。

④ 种子田在整个生长季节可以检查多次，通常为苗期、花期、成熟期，但至少应在品种特征特性表现最充分、最明显的时期检查一次，并保证有足够的时间。

⑤ 检验员应该独立地根据检验结果报告田间状况作出评价。如果检验时某些植株难以从特征特性加以确认，在得出结论之前需要进行第二次或更多次的检验。

（二）田间检验员的要求和支持

1. 田间检验员的要求

（1）熟悉和掌握田间检验方法、种子生产的方法和程序等方面的知识，熟悉被检品种的特征特性。

（2）具备能依据品种特征特性证实品种真实性、能鉴别种子田杂株并使之量化的能力，并通过田间检验技能的实践考核。

（3）健康状态良好，每年保持一定的田间工作量，处于良好的技能状态。

（4）应独立地根据检验结果报告田间状况并作出评价，结果对检验机构负责。

2. 田间检验员的支持

① 被检种子田的详细信息。

② 小区种植鉴定的前控结果。

③ 被检品种有效的品种标准描述。

④ 10 倍和 20 倍的手持放大镜。

⑤ 有厘米刻度的米尺和剪刀。

⑥ 适宜的衣着。

四、主要农作物种子田质量要求

（一）前作

为了生产出合格的种子，前作不存在污染源是基本保障之一。前作的污染源一般可能有4 种情况。

（1）病虫害。病虫害会导致种子质量降低，影响作物生产，因此种子田应没有病虫害或病虫害较轻，尤其不能有检疫性病虫害存在。

（2）同种的其他品种混杂。如上茬种植了小麦的 A 品种，下茬种植小麦 B 品种，那么B 品种的种子很可能受到 A 品种的混杂。

（3）其他类似植物种的混杂。如种植在大麦下茬的小麦种子可能受到大麦的混杂，而在清选时又很难将其清选出去。

（4）杂草种子的严重混杂。

在生产时应避免上述混杂的发生。

（二）隔离条件

空间隔离或时间隔离见表 9-1、表 9-2。

表 9-1　粮食作物种子繁殖和生产田的隔离要求

作物及类别		空间隔离/m	时间隔离/d
水稻	常规稻、保持系、恢复系	20	15
	不育系	700	25
	制种田	500（粳）	20
玉米	自交系	500	40
	制种田	300	40
小麦和大麦	常规种	25	—
高粱	常规种	300	—
	不育系、恢复系和保持系	500	—
	制种田	300	—
大豆、蚕豆、红小豆、绿豆	常规种	25	—

表 9-2 主要蔬菜作物隔离距离

授粉方式	蔬菜种类	隔离距离/m	
		原种	良种
异花授粉	大白菜、不结球白菜、芥菜、甘蓝、菜花、茎蓝、萝卜、韭菜、洋葱、葱、芹菜、胡萝卜、菠菜、茴香、香菜	2000	2000
	黄瓜、冬瓜、南瓜	1000	800
常异花授粉	辣(甜)椒、茄子、蚕豆	500	300
自花授粉	莴苣、茼蒿	500	300
	菜豆、豇豆	100	50
	番茄	100	50

如果有其他适宜的保护措施防止不适宜花粉的污染，可结合实际情况降低表 9-1 的距离要求。

（三）品种杂株（穗）率和散粉株率

影响种子纯度的主要因素是杂株率和散粉株率，特别是散粉株率，是影响杂交种纯度的最主要因素。在种子生产中、严格去杂去劣，及时、干净、彻底去雄是种子生产的关键。国家农作物种子田间检验规程对田间杂株（穗）率和散粉株率有明确要求见表 9-3，在具体田间检验工作中要严格掌握标准。

表 9-3 粮食作物种子繁殖田和生产田的田间杂株率和散粉株率

作物名称		类别		田间杂株（穗）率/%	散粉株率
水稻	常规种	原种		≤0.08	—
		良种		≤0.1	—
	不育系保持系恢复系	原种		≤0.01	—
		良种		≤0.08	—
	杂交种	良种	父本	>0.1	任何一次花期检查≤0.2%或两次花期检查累计≤0.4%
			母本	≤0.1	
玉米	自交系	原种		≤0.02	—
		良种		≤0.5	—
	亲本单交种	原种	父本	≤0.1	任何一次花期检查≤0.2%或三次花期检查累计≤0.5%
			母本	≤0.1	
	杂交种	良种	父本	≤0.2	任何一次花期检查≤0.5%或三次花期检查累计≤1.0%
			母本	≤0.2	
小麦、大麦		原种		≤0.1	—
		良种		≤1.0	—

续表

作物名称		类别		田间杂株（穗）率/%	散粉株率
高粱	常规种	原　种		≤0.1	—
		良　种		≤1.0	—
	不育系 保持系 恢复系	原　种		≤0.1	—
		良　种		≤0.2	—
	杂交种	良　种	父　本	≤0.3	≤0.1%
			母　本	≤0.3	≤0.1%
大豆、红小豆、绿豆		原　种		≤0.1	—
		良　种		≤2	—
蚕　豆		原　种		≤0.1	—
		良　种		≤3	—

五、农作物品种鉴定的主要特征特性

在进行田间品种纯度检验时，首先必须了解被鉴定品种的特征特性，一般品种鉴定分为主要性状、次要性状、特殊性状和受环境影响的性状。在检验时要抓住品种的主要性状和特殊性状，必要时考虑次要性状和易受环境影响的性状。以下介绍几种作物品种纯度田间检验性状。

（一）水稻

1. 幼苗期

主要检验叶部性状。

（1）叶鞘色　分无色、淡红、紫红。

（2）叶片色　分淡绿、绿、浓绿、紫色。

（3）叶耳色　分无色、绿色、紫色。

（4）叶舌色　分无色、绿色、紫色。

（5）叶片茸毛　分无、疏、中、密。

2. 抽穗期

以植株与剑叶性状为重点。

（1）剑叶　剑叶的长短、宽窄及其与茎秆夹角的大小（图9-1）。

（2）叶色　绿色的深浅不同，少数呈紫色。叶紫色者，颖壳、芽鞘、叶鞘等皆呈紫色。

（3）茎秆性状

① 株高　分高（130cm以上）、中

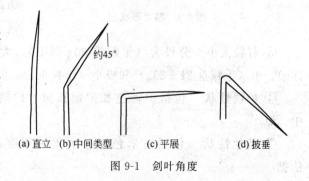

(a) 直立　(b) 中间类型　　(c) 平展　　(d) 披垂

图 9-1　剑叶角度

(101～130cm)、矮（100cm 以下）。

② 茎秆粗细　可分粗（直径大于 6.1mm）、中（4～6mm）、细（4mm 以下）。

（4）穗部性状　包括穗码松紧、着粒密度、芒的有无等。

3. 蜡熟期

是检验关键时期，主要以穗部特征为检验重点。

（1）穗部性状

① 穗型　按枝梗长短、多少分紧穗型、散穗型及中间型（图 9-2，彩图见插页）；按穗长分为长（25cm 以上）、中（15～20cm）、短（15cm 以下）三级；按生长状态分直立型、弧型、半圆型、弯型、垂头型。

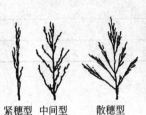

紧穗型　中间型　散穗型　　　水稻紧穗型田间形态　　　水稻散穗型田间形态

图 9-2　水稻穗类型

② 着粒密度　10cm 内的着粒数（包括实粒、秕粒、脱落粒），54 粒以下为稀，54～78 粒为中，78 粒以上为密。

（2）芒的性状

① 芒的有无和长短　分无芒（全无或有芒粒数在 10% 以下）、短芒（芒长在 1cm 以下）、中芒（芒长 1.1～3.0cm）、长芒（芒长 3.1～5.0cm）、特长芒（芒长 5.1cm 以上）。

② 芒色　分黄、浅红、褐红、紫褐。

（3）谷粒性状

① 粒型　以谷粒的长宽比来衡量。粳稻分长粒（长宽比 1.8 以上）、中粒（长宽比 1.8～1.6）、短圆粒（长宽比 1.6 以下）。籼稻分细长粒（长宽比 3 以上）、中长粒（长宽比 2～3）、短粒（长宽比 2 以下）。糙米的各种形状见图 9-3。

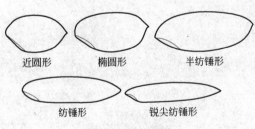

近圆形　　椭圆形　　半纺锤形

纺锤形　　　锐尖纺锤形

图 9-3　糙米形状

② 粒色　包括颖色和颖尖色。颖色分淡黄、黄、金黄、赤褐、黑褐等；颖尖色分黄、赤、赤褐、淡褐、淡紫、深紫等。

③ 籽粒大小　分极大（千粒重 30g 以上）、大（千粒重 27～29g）、中（千粒重 24～26g）、小（千粒重 21～23g）和极小（千粒重 20g 以下）。

④ 护颖性状　包括护颖色和护颖长短。护颖色分黄、赤、赤褐、紫等；长短分长、中、短。

⑤ 其他性状　包括糙米色泽、米质透明度、腹白大小等，也是鉴别品种纯度的依据。

（二）玉米

1. 幼苗期

（1）叶鞘色　分绿色、红色、紫红色、紫色。比较稳定，是苗期检验的主要依据。

（2）叶色　分淡绿、绿、浓绿，有的自交系叶缘紫色，叶背带紫晕。

（3）叶形　包括宽窄、长短、波曲与平展、上冲或下披等项目（图9-4）。

上冲型玉类　　　　　　　　　平展型玉类

图9-4　上冲和平展型玉米品种

2. 抽穗开花期

根据植株、雄雌花器、叶片等特征的表现进行鉴定。

（1）穗部性状

① 雄穗性状　包括花药色（分紫色、红色、黄色）、花粉量（分多、中、少）、雄穗主轴长度、雄穗分枝数（图9-5，彩图见插页）和护颖颜色（分紫色、绿色、绿紫）。

(a)　　　　　　　　　　　(b)

图9-5　玉米雄穗性状

② 雌穗性状　主要指花丝颜色（图9-6，彩图见插页），一般分为红色、粉色和白色。

（2）株型性状　包括株高、茎粗、穗位高及叶片大小、叶角、叶向等性状，作为检验的参考性状。

3. 成熟期

以果穗特征为重点。

（1）穗部性状

① 穗形　一般分为圆锥形和圆柱形两类，且有长短之分。

(a)　　　　　　　　　　　　　(b)　　　　　　　　　　　　　(c)

图 9-6　玉米雌穗花丝颜色

② 穗轴色　分白色、浅红色、红色、紫红色。

③ 穗行数、行粒数、穗长、穗粗。

（2）籽粒性状

① 粒型　分马齿型、硬粒型、半马齿型、粉质型、糯质型、甜质型、爆裂型、甜粉型、有稃型。

② 粒色　分白、浅黄、黄、橙黄、紫红等，应以成熟种子两侧角质胚乳部分的颜色为准。

③ 籽粒大小　以百粒重表示。

（3）其他　包括穗柄长度及角度、苞叶长度等，品系间也有一定差别。

（三）小麦

1. 幼苗期

① 芽鞘的颜色和长短。

② 叶片的形状和颜色。

③ 幼苗生长习性　分匍匐、直立、半匍匐。

④ 幼苗长势　分好、中等、差。

2. 抽穗期

（1）株高　分高秆（100cm 以上）、中秆（80～100cm）、矮秆（80cm 以下）。

（2）株高的整齐度　株高相差 10％以下为整齐，相差 10％～20％为中等整齐，相差 20％以上为不整齐。

（3）茎秆蜡粉　分有（多或少）、无。

（4）叶片　叶片宽窄（宽、中、窄）、叶色（深绿、绿、浅绿）、叶相（挺直、下披、中间）、叶片和叶鞘的蜡粉多少。

（5）株型　分紧凑、中等、松散。

（6）穗部性状　包括穗粒数、着粒密度、芒的有无等。

3. 蜡熟期

（1）植株性状

① 株高、茎色。

② 茎粗　直径大于 6mm 为粗，6～4mm 为中，4mm 以下为细。

(2) 穗部性状

① 穗形　分棍棒形、长方形、纺锤形、椭圆形、圆锥形、分枝形。

② 小穗密度　以 10cm 穗轴内小穗数表示，一般用密度指数 D 表示。密度分四级：疏（$D<22$）、中（$22<D<28$）、密（$28<D<34$）、极密（$D>34$）。

③ 穗长　分长穗（8.5cm 以上）、中穗（8.5～6.5cm）、短穗（6.5cm 以下）。

④ 穗色　分红壳、白壳两类，红壳又有深浅之分。

(3) 芒的性状

① 芒长　分长芒、中芒、短芒、顶芒、无芒。

② 芒分布　分平行形、宽扇形、窄扇形。

③ 芒色　分红、白、黑 3 种。

(4) 籽粒性状

① 粒质　分硬质（玻璃质）、软质（粉质）、中间质（半硬质）3 种。

② 形状　分长椭圆形、椭圆形、卵圆形、短筒形 4 种。

③ 大小　分大、中、小三级。

④ 粒色　分白色（包括粉白、乳白、琥珀白、透明白）和红色（包括黄色、金黄色、淡红、深红等）。

⑤ 茸毛　分有、无。

⑥ 腹沟　分深、浅。

(5) 护颖性状

① 形状　一般分为披针形、长方形、椭圆形、卵圆形 4 种。

② 颖尖　也叫颖嘴，是护颖上端的突起。形状有钝形、锐形、鸟嘴形、外曲形等。颖嘴长短可分短嘴（3～5cm）、中嘴（6～10cm）、长嘴（10cm 以上）。

③ 颖肩形状　分无肩、斜肩、方肩、丘形肩、圆肩。

④ 颖脊形状　有宽窄明显与否之分。

（四）高粱

1. 幼苗期

(1) 苗势强弱　苗态的匍匐与直立。

(2) 叶的性状

① 叶鞘色　分紫红、淡紫红、绿色等。

② 幼叶色　分淡绿、鲜绿和暗绿等。

③ 叶片与茎的角度　分直立、上冲、平展。

④ 叶片的宽窄、长短。

2. 抽穗开花期

(1) 茎的性状

① 株高　由地面到穗顶的高度。

② 茎粗　地面起第二节的直径。

（2）叶的性状

① 叶片长度和叶片宽度。

② 叶片数　由第一片真叶到剑叶的数目。

③ 叶色　分淡绿、鲜绿、紫绿、绿。

④ 旗叶角度。

（3）穗部性状

① 穗型　分紧穗型、中间型、散穗型和扫帚型几种。

② 穗形　分纺锤形、椭圆形、筒形、棒形、牛心形等，一般紧穗型多为纺锤形，中间型多为筒形。

③ 花药　正常高粱花药为鲜黄色、肥大，有大量饱满的花粉；不育的花药为乳白色或淡黄色、铁锈色、浅黄（红火白）带褐色斑点，瘦小干秕，无花粉或只有少量无生命的花粉。

3. 成熟期

以穗部检验为重点。

（1）穗部性状

① 穗型和穗形。

② 穗柄类型　以穗柄偏离茎秆角度分直立（小于 45°）、弯曲（45°～90°）、倒垂（大于 90°）3 种。

③ 穗长与穗粗。

（2）护颖性状

① 护颖形状　有圆形、长圆形和菱形。

② 色泽　以黑、红、黄 3 种色泽最普遍，此外还有褐、紫、青黄、白色等。

③ 壳型　分软、硬、半硬型。

（3）籽粒性状

① 粒色　分深褐、褐、红、黄、白 5 种。

② 粒型　分圆、椭圆、长椭圆 3 种。

③ 其他　包括千粒重、着壳率、角质率、结实率、落粒性等。

（五）大豆

1. 幼苗期

（1）幼茎色　分紫色和绿色。

（2）茸毛多少　分极多、中等、极少等。

（3）茸毛色泽　分棕、灰及中间型等。

（4）单叶形状　分卵圆形、狭长形等。

2. 开花期

根据开花习性、花的颜色、茸毛的颜色和多少、叶片大小及形状等鉴别检验品种。

（1）花的性状

① 花色　分紫、白两种，比较稳定，一般幼苗上胚轴紫色和紫色叶枕者开紫花，绿胚轴者开白花。

② 花序长短　长者10cm左右，短者花束簇生，差别显著，但有许多过渡类型。

（2）叶的性状

① 小叶形状　分卵圆形、椭圆形、披针形3种（图9-7）。

(a) 披针形叶　　　　　(b) 椭圆形叶

图 9-7　大豆披针形叶和椭圆形叶

② 叶片大小　通常以中间小叶为准，分大、较大、中等、较小。

③ 叶色　分淡绿、绿、深绿。

（3）茎的性状

① 生长习性　分直立、半直立、半蔓生、蔓生。

② 株高　分高（90cm 以上）、较高（71～90cm）、中等（51～70cm）、较矮（31～50cm）、矮（30cm 以下）。

③ 株型　分收敛型（分枝角度小，上下均紧凑）、开张型（分枝角度大，上下均松散）、半开张（介于上述两者之间）。

④ 茎粗　以主茎第 5 节粗度为标准，分粗、较粗、中、较细、细。

3. 成熟期

（1）荚部性状

① 豆荚颜色　分草黄色、黄色、淡褐色、深褐色、黑褐色。

② 荚形　分直形、弯镰性和中间形，由于粒形不同，荚面有的扁平，有的呈半圆形突起。

③ 荚的大小和荚粒数　荚的大小和粒型大小有关，荚粒数也受栽培条件的影响，每株上下变化很大，但品种间平均数差异却比较稳定，一般品种二三粒荚居多。

④ 结荚习性　根据开花习性和花荚分布习性划分为有限、无限、亚有限 3 种。

⑤ 结荚高度　分高（15cm 以上）、中（10～15cm）、低（10cm 以下）。

（2）种子性状

① 皮色　分黄、青、褐、黑、双色 5 种，黄色占多数，并可按深浅分淡黄、黄、金黄、深黄等级别。

② 脐色　分黄、青、极淡褐、淡褐、褐、深褐、蓝、黑色。

③ 脐的形状　分长椭圆形、倒卵形、长方形、圆形、肾形。

④ 脐的大小及胎座疤的有无。

⑤ 种子形状　有球形、近球形、椭圆形、长扁圆形、扁圆形、长圆形等。

⑥ 子叶色泽　有青、黄两种。

⑦ 种子大小　品种间差异明显，但受气候、环境条件的影响。

（3）其他　包括株高、株型、节数、结荚部位、褐斑率、虫食率与紫斑率也都可作为纯度检验的参考项目。

（六）绿豆

① 检验时期为营养期，主要检验性状有生长习性、植株高度。

② 检验时期为开花期，主要检验性状有开花时间（50％的植株已开一朵花）、花的颜色。

③ 检验时期为果荚形成期，主要检验性状有植株长度。

④ 检验时期为种子收获期，主要检验性状有千粒重、种皮颜色、种脐黑色素。

（七）红小豆

① 检验时期为营养期，主要检验性状有生长习性、植株高度。

② 检验时期为开花期，主要检验性状有开花时间（50％的植株已开一朵花）、花的颜色。

③ 检验时期为果荚形成期，主要检验性状有植株长度。

④ 检验时期为种子收获期，主要检验性状有千粒重、种皮颜色、种脐黑色素。

（八）蔬菜

1. 苗期

（1）白菜　主要检验性状有叶的形状、叶的颜色、叶缘缺刻、叶上茸毛以及叶柄色泽。

（2）萝卜　主要检验性状有子叶、叶柄颜色、胚轴颜色。

（3）甘蓝　主要检验性状有茎色、叶的形状、叶缘、叶色、蜡粉。

（4）番茄　主要检验性状有叶形、茎色、茸毛、第一花序着生节位。

（5）黄瓜　主要检验性状有叶形、叶色、第一雌花着生节位。

（6）辣椒　主要检验性状有叶形、叶色、茎色、茸毛。

2. 开花结果期

主要检验花色、花序情况。

（1）白菜结球期　主要检验性状有生育期、株高、开展度、外叶数及叶缘、叶面、叶球形状、结球形状、球心形状、叶球色泽等。

（2）萝卜成株期　主要检验性状有叶丛、叶色、叶脉色、肉质根形状、外皮色、尾部形状、肉色、肉质含水量等。

（3）甘蓝成株期　主要检验性状有熟性、植株开展度、成株外叶形状、叶面生长情况、叶球状况等。

（4）番茄坐果期　主要检验性状有株形、花序、花序间隔的叶数。

（5）黄瓜商品瓜结果期　主要检验性状有果实性状和植株性状。

（6）辣椒开花至坐果期 主要检验性状有株形、花蕾大小、花冠色泽、果实性状等。

3. 成熟期

（1）白菜种株期 主要检验性状有株高、茎色、花期早晚、自交不亲和系数、亲本亲和指数等。

（2）萝卜种株期 主要检验性状有株高、茎色、花色。

（3）甘蓝种株期 主要检验性状有株高、茎色、熟性。

（4）番茄结果中期 主要检验性状有果实性状、生长势、可溶性固形物含量及品质、风味等。

（5）黄瓜种瓜成熟期 主要检验性状有种果皮色、种果上裂纹有无及其多寡。

任务二 田间检验操作

一、田间检验项目

1. 生产常规种的种子田

① 前作、隔离条件。

② 品种真实性。

③ 杂株百分率。

④ 其他植物植株百分率。

⑤ 种子田的总体状况（倒伏、健康等情况）。

2. 生产杂交种的种子田

杂交种生产的成功取决于雄性不育体系（包括机械和人工去雄、自交不亲和、细胞质雄性不育、细胞核雄性不育、化学去雄）和该种杂交可育能力的有效性。虽然杂交种的品种纯度只能通过收获后的种子经小区种植后控才能鉴定，然而，通过对以下项目的检查，可以最大限度地使杂交品种的品种纯度保持最高水平。

① 隔离距离。

② 父母本的品种纯度。

③ 雄性不育程度。

④ 串粉或散粉。

⑤ 父本花粉转移至母本的理想条件。

⑥ 适时收获母本或先收获父本。

二、田间检验时期和次数

种子田间检验应在全生育期每个时期观察，全面掌握品种的特性，但在实际工作中由于人力、财力等因素，种子田间检验主要在品种特征特性表现最充分、最明显的时期进行，用以评价品种的真实性和纯度，一般分苗期、花期和成熟期三个时期进行。因作物种类繁多，不同作物品种典型性状或标记性状表现时期不同，所以在进行具体的鉴定时要根据上一节中所介绍的不同时期性状表现，灵活掌握，但至少应在品种特征特性表现最明显、最充分的时期检查一次。一般常规品种至少在成熟期检验一次；杂交水稻、杂交玉米等杂交种在开花期要检验2～3次；蔬菜作物在实用器官成熟期要增加一次。同时，在掌握品种典型特征特性的基础上，还要注意鉴定的具体时期与方法，尽量避免或减少环境和人为因素的影响，这样才能作出准确的结论。主要大田作物和蔬菜作物田间检验时期参考表9-4和表9-5。

表 9-4　主要大田作物田间检验时期

作物种类	检 验 时 期			
	第一期		第二期	第三期
	时期	要求	时期	时期
水稻	苗期	出苗1个月内	抽穗期	蜡熟期
小麦	苗期	拔节前	抽穗期	蜡熟期
玉米	苗期	出苗1个月内	抽穗期	成熟期
花生	苗期		开花期	成熟期
棉花	苗期		现蕾期	结铃盛期
谷子	苗期		穗花期	成熟期
大豆	苗期	2～3片真叶	开花期	结实期
油菜	苗期		薹花期	成熟期

表 9-5　主要蔬菜作物田间检验时期

作物种类	检 验 时 期							
	第一期		第二期		第三期		第四期	
	时期	要求	时期	要求	时期	要求	时期	要求
大白菜	苗期	定苗前后	成株期	收获前	结球期	收获剥除外叶	种株花期	抽薹至开花时期
番茄	苗期	定植前	结果初期	第1花序开花至第1穗果坐果期	结果中期	在第1至第3穗果成熟		
黄瓜	苗期	真叶出现至四五片真叶止	成株期	第一雌花开花	结果期	第1至第3果商品成熟		
辣(甜)椒	苗期	定植前	开花至坐果期		结果期			
萝卜	苗期	两片子叶张开时	成株期	收获时	种株期	收获后		
甘蓝	苗期	定植前	成株期	收获时	叶球期	收获后	种株期	抽薹开花

三、田间检验程序

田间检验员要掌握被检作物品种的特征特性，必须认真对种子生产田基本情况进行调查，主要是了解情况、检查隔离情况、检查品种真实性、调查种子生产田的生长状况等。

（一）基本情况调查

1. 了解情况

田间检验员通过面谈和检查，全面了解和证实以下内容：申请者姓名、作物、品种、类别（等级）、农户姓名和电话、种子田（包括生产田）位置、田块编号、面积、前茬档案、种子批号等。

为了证实品种的真实性，有必要检查标签（生产者应将标签树立在田间，并留另一标签作备查；生产杂交种包括父母本的种子标签和田间分布图），以了解种子来源的详情。

2. 检查隔离情况

依据生产者提供的种子田和周边田块的分布图，田间检验员应围绕种子田外围行走，检查隔离情况。隔离距离检查应涉及与周围田块的其他作物（特别是异花授粉作物）、自生苗或杂草的污染距离，收获期间机械混杂以及已受种传病害感染的其他田块的隔离距离。

如果隔离距离达不到标准规定的要求，田间检验员必须要求生产者在开花前全部或部分铲除污染花粉源使该田块符合要求，或淘汰达不到隔离条件的部分田块。

3. 检查品种真实性

为了核实品种的真实性，须进一步对标签进行核查。为此，生产者应保留种子批的标签备查，对于制种田应保留杂交种亲本的种子标签。核查标签后检验员还必须实地检查不少于100个穗或植株，根据品种描述确认其真实性。

4. 检查种子生产田的生长状况

对于倒伏严重、发育异常、杂草或病虫害危害严重的地块不必进行品种纯度评价，而应该直接淘汰。

（二）取样

为保证全面正确评价品种纯度，先要制订合理的取样方案。取样方案制订时应重点考虑取样点数（样区频率）、样区分布及每点株数（样区大小）情况。

1. 取样点数确定

取样点数确定时重点考虑种子生产田块大小、杂株率要求标准、作物和种子种类等因素。

凡是同一品种、同一来源、同一繁殖世代、耕作制度与栽培管理相同的相连田块划分为一个检验区。一个检验区的面积越大，对杂株率的要求标准越高，样本的总数量越多，取样点数也就越多。样本总数与杂株率要求标准的关系是：如果规定的杂株率标准为$1/N$，总样本大小至少应为$4N$，如杂株率标准为0.1%（即1/1000），则总样本大小至少为4000株。取样点数随种子田面积变化的关系见表9-6。

此外，对于要求标准较高的种子田如原种生产田、亲本繁殖田，取样点数要增加。

表 9-6   种子田最低取样点数

面积 /hm²	生产常规种	生产杂交种	
		母本	父本
少于 2	5	5	3
3	7	7	4
4	10	10	5
5	12	12	6
6	14	14	7
7	16	16	8
8	18	18	9
9~10	20	20	10
大于 10	在 20 基础上,每公顷递增 2 个样区	在 20 基础上,每公顷递增 2 个样区	在 10 基础上,每公顷递增 1 个样区

2. 样区分布

检验时要保证样区(取样点)在检验区内随机均匀分布(图 9-8),确保取样有代表性。为了避免边际效应影响,要离开地头地边设点。设点方式有多种,可根据地形和面积大小灵活掌握,如对于面积较小的方形或长方形地块可选择梅花式和对角线式,对于土壤差异大或

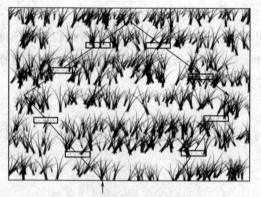

(a) 检查覆盖种子田面积约 70%

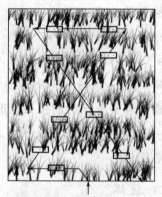

(b) 检查覆盖种子田面积约 75%

(c) 检查覆盖种子田面积约 80%

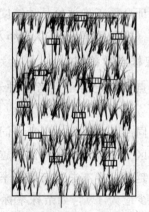

(d) 检查覆盖种子田面积约 85%

图 9-8   田间检验样区分布

不规则的地块可选择棋盘式，对于垄作地块可使用大垄式取样等。

3. 每点株数

一般每个样区取不少于 500 株，也可以选 1m 宽、20m 长，即 20m² 的样区进行检验。对于杂交种生产田的检验，由于对父母本的品种纯度要求不同，可将父、母本行视为不同的田块，分别检查每一田块，并分别报告母本和父本的检验结果。对于水稻、玉米、高粱杂交制种田，把父本、母本视为两个不同的田块，父本、母本分别检查和计数。玉米、高粱杂交种制种田样区大小为行内 100 株或相邻两行各 50 株。水稻每样区 500 株。

（三）分析检查

田间检验员应缓慢地沿着样区的行行走，尽量避免在阳光强烈、刮风、大雨的天气下进行检查。

田间检验工作，必须建立品种间特征特性相互区别的品种描述档案。特征特性分为主要性状（通常是品种描述所规范的强制性项目）和次要性状。建议田间检验员采用主要性状来评定品种真实性和品种纯度，当仅采用主要性状难以得出结论时，可使用次要性状。对于一些作物，品种描述中可能有非常重要的区别特征特性。这些特征特性对于评定品种一致性非常关键，可能表明该批种子异交、分离和变异的情况，但是在田间条件下表现差异太小导致不能鉴别。在这种情况下，田间检验员应该在种子检验室内仔细检查植株、穗或籽粒状况。

田间检验员应记录在样区中所发现的杂株，其中杂株包括与被检品种特征特性明显不同（如株高、颜色、育性、形态、成熟度等）和不明显（只能在植株特定部位进行详细检查才能观察到，如叶形、叶茸、花和种子）的植株。对于杂交种子生产田，田间检验员除记录父母本杂株率外，还需记录检查的母本雄性不育的质量。

田间检验员应获得相应的小区鉴定结果，以证实在前控中发现的杂株。如果种子田中有杂株，而小区鉴定中没有观察到，田间检验员必须记录和考虑这些杂株，以决定接受或拒绝该田块。检验机构主要根据小区前控和田间检验结果进行核实。如果小区鉴定和田间检验结果有较大的偏离，检验机构有必要在小区和种子田中进行进一步的检查，以获得正相关的结果。

在田间检验的分析检查中如遇下列情况，可采取一些特殊的处理。

① 种子田处于难以检查的状态　已经严重倒伏、长满杂草、由于病虫或其他原因导致生长受阻或生长不良的种子田应该淘汰，不能进行品种纯度的评定。在田间状况处于难以判别的中间状态时，田间检验员应该使用小区种植鉴定前控得出的证据作为田间检验的补充信息。

② 严重的品种混杂　如果发现种子田有严重的品种混杂，检验员只要检查两个样区，求其平均值，推算群体，查出淘汰值。如果检出的混杂株超过淘汰值，应淘汰该种子田并停止检查。如果检测值没有超过淘汰值，继续检验，直至所有的样区。这种情况只适用于检验品种纯度，不适用于其他情况。

③ 在某一样区发现杂株而其他样区并未发现杂株　如果在某一样区内发现了多株杂株，而在其他样区中很少发现同样的杂株，这表明正常的检查程序不是很适宜。这种情况通常发

生在杂株与被检品种非常相似的情况下，只能通过非常接近的仔细检查穗部来解决。

（四）结果计算与表示

将所有样点检验结束后，把各点的结果汇总，计算各个项目的测定值。

1. 常规品种（包括杂交种亲本）**繁殖田**

（1）杂株率

$$杂株率 = \frac{样区内的杂株数}{样区内供检本作物株数} \times 100\%$$

（2）品种纯度

$$品种纯度 = 100\% - 杂株率$$

对于纯度标准低于 99.0% 或每公顷超过 100 万株（穗）的种子田，直接用公式计算杂株（穗）率和品种纯度，并与标准规定的要求相比较，判断种子田是否合格。

对于纯度高于 99.0% 或每公顷低于 100 万株（穗）的种子田，需要采用淘汰值。对于育种家种子、原种是否符合要求，可利用淘汰值确定。

淘汰值是在考虑种子生产者利益和有较少失误的基础上，把在一个样本内观察到的变异株数与标准比较，作出种子批符合要求或淘汰该种子批的决定。不同规定标准与不同样本大小的淘汰值见表 9-7。如果变异株大于或等于规定的淘汰值，就应淘汰该种子批。

表 9-7 不同纯度标准下的淘汰值

估计群体	品种纯度标准				
每公顷植株(穗)数量	99.9%	99.8%	99.7%	99.5%	99.0%
	200m² 样区的淘汰值				
60000	4	6	8	11	19
80000	5	7	10	14	24
600000	19	33	47	74	138
900000	26	47	67	107	204
1200000	33	60	87	138	—
1500000	40	73	107	171	—
1800000	47	87	126	204	—
2100000	54	100	144	235	—
2400000	61	113	164	268	—
2700000	67	126	183	298	—
3000000	74	139	203	330	—
3300000	81	152	223	361	—
3600000	87	165	243	393	—
3900000	94	178	261	424	—

要查出淘汰值，应先计算群体株（穗）数。对于行播作物（禾谷类等作物，通常采取数穗而不数株），可应用以下公式计算每公顷植株（穗）数：

$$P = \frac{1000000M}{W}$$

式中　P——每公顷植株（穗）总数；

　　　M——每一样区内 1m 行长的株（穗）数的平均值；

　　　W——行宽，cm。

撒播作物，则计数 0.5m² 面积中的株数。撒播每公顷群体可应用以下公式计算：

$$P = 20000 \times N$$

式中　P——每公顷植株数；

　　　N——每样区内 0.5m² 面积的株（穗）数的平均值。

根据群体数量，从表 9-7 查出相应的淘汰值。将各个样区观察到的杂株相加，与淘汰值比较，作出接受或淘汰种子田的决定。如果 200m² 样区内发现的杂株总数等于或超过表 9-7 估计群体和品种纯度的给定数，就可以淘汰该种子田。

2. 杂交制种田

对杂交制种田进行检验时，要分别计算父、母本杂株率和母本散粉株率。

$$父（母）本杂株率 = \frac{父（母）本散粉杂株数}{供检父（母）本株数} \times 100\%$$

$$母本散粉株率 = \frac{散粉的母本株数}{供检母本株数} \times 100\%$$

3. 异作物率、杂草率、病虫害感染率计算

$$异作物率 = \frac{异作物株（穗）数}{供检本作物株（穗）数 + 异作物株（穗）数} \times 100\%$$

$$杂草率 = \frac{杂草株（穗）数}{供检本作物株（穗）数 + 杂草株（穗）数} \times 100\%$$

$$病虫害感染率 = \frac{感染病虫害株（穗）数}{供检本作物株（穗）数} \times 100\%$$

（五）田间检验结果报告

田间检验员检验结束后要及时认真填写田间检验报告单，将检验点各个检验项目的平均结果填写在田间检验结果单（表 9-8 和表 9-9）上，并对结果作出分析，提出意见和改进建议。田间检验报告应包括以下三方面内容。

表 9-8　农作物常规种田间检验结果单　　　　　　　字第　　　号

繁种单位				
作物名称			品种名称	
繁种面积			隔离情况	
取样点数			取样总株（穗）数	
田间检验结果	品种纯度/%		杂草/%	
	异品种/%		病虫感染/%	
	异作物/%			
田间检验结果建议或意见				

检验单位（盖章）：　　　　检验员：　　　　检验日期：　　　年　月　日

表 9-9　农作物杂交种田间检验结果单　　　　　　字第　　　号

繁种单位				
作物名称			品种(组合)名称	
繁种面积			隔离情况	
取样点数			取样总株(穗)数	
田间检验结果	父本杂株率/%		母本杂株率/%	
	母本散粉株率/%		异作物率/%	
	杂草率/%		病虫害感染率/%	
田间检验结果建议或意见				

检验单位（盖章）：　　　　检验员：　　　　检验日期：　　　　　年　月　日

1. 基本情况

与种子田有关的基本情况主要包括：申请者姓名、作物、品种、类别（等级）、农户姓名和电话、种子田位置、田块编号、面积、前茬详情（档案）、种子批号。

2. 检验结果

依据作物的不同可选择填报相关的检验结果：前作、隔离条件、品种真实性和品种纯度、母本雄性不育质量（如散粉株率）、异作物和杂草以及总体状况。

3. 建议或意见

田间检验员应根据检验结果，分别签署下列意见。

（1）如果田间检验的所有要求如隔离条件、品种纯度等都符合生产要求，建议被检种子田符合要求。

（2）如果田间检验的部分要求如隔离条件、品种纯度等未符合生产要求，但通过整改措施（如去杂、去雄）可以达到生产要求的，应签署整改建议。整改后通过复检，确认符合要求后才可建议被检种子田符合要求。

（3）如果田间检验的所有要求如隔离条件、品种纯度等有一部分或全部不符合生产要求，而且通过整改措施仍不能达到生产要求，应建议淘汰被检种子田。

【案例】杂交玉米制种田间检验

[案例] 杂交玉米制种田间检验的目的是根据植株长相核查品种特征特性是否名副其实，以及影响收获种子质量的各种情况，从而依据这些检查的质量信息采取相应的措施，减少剩余遗传分离、自然变异、外来花粉、机械混杂和其他不可预见的因素对种子质量产生的影响，以确保收获时符合规定的要求。

一、玉米制种田田间检验的要求

1. 田间检验员

熟悉和掌握田间检验及种子生产程序、方法和标准，熟悉被检品种的特征特性，具备依据该品种特征特性确认品种真实性和鉴别种子田杂株并使之量化的能力。应每年保持一定的田间检验工作量，处于良好的技能状态。

2. 田间检验项目

玉米自交系及常规种生产田主要检查前茬、隔离条件、品种真实性、杂株百分率、其他植物植株百分率、种子田的总体状况（倒伏、健康等情况）；杂交制种田主要检查隔离条件，父母本纯度，花粉扩散的适宜条件，雄性不育程度，母本散粉株率，父本杂株散粉株率，授粉状况，收获方法及时间。

3. 田间检验时期

玉米种子田在生长期间可以检查多次，但至少应在品种特征特性表现最充分、最明显时期检查一次，以评价品种真实性和品种纯度。自交系及常规种应分别在苗期、大喇叭口期、抽雄期和收获后各去杂一次；杂交制种田除进行四次去杂外，为确保种子纯度还必须花期检验两三次。

二、玉米制种田生产质量要求

1. 前茬作物

严格来讲种子田安全生产，前作应不存在 3 个污染源，即同种的其他品种污染；其他类似植物种的污染；杂草种子的严重污染。在进行种子田生产时应提供前作档案，证实无以上三种污染源。

2. 隔离条件

玉米是异花授粉作物，花粉量大，花粉可远距离飘散，蜜蜂等昆虫也可以传粉，容易串粉混杂，必须严格设置隔离区。

(1) 利用空间隔离：自交系繁殖区不少于 500m，杂交种区不少于 300m。

(2) 利用时间隔离：一般春播玉米错期 40d 以上，夏播玉米错期约 30d 以上。

(3) 利用高秆作物隔离：自交系繁殖区需要种植嵩秆作物的宽度应在 100m 以上，杂交制种区则应在 50m 以上，且要保证玉米抽雄时高秆作物的株高显著超过玉米。

3. 田间杂株率和散粉株率

玉米自交系原种田间杂株率不高于 0.02%，大田用种不高于 0.5%，两者杜绝有散粉株；亲本原种父母本田间杂株率不高于 0.1%，任何一次花检散粉株率不超过 0.2% 或三次花检累计不超过 0.5%；杂交种大田用种父母本田间杂株率不超过 0.2%，最后一次花检散粉株率不超过 0.5% 或三次花检累计不超过 1%。

三、玉米制种田田间检验程序

1. 基本情况调查

田间检验前，检验员必须掌握所检玉米品种的特征特性，同时应全面了解玉米品种名称、种子类别、其他情况、制种位置、前作情况、亲本纯度和田间管理等情况。

2. 隔离情况检查

播种前，依据制种区域分布图，检查种子田四周是否符合玉米制种田生产质量要求的隔离条件。若种子田与花粉污染源的隔离距离达不到要求，必须建议消灭污染源或重新划分隔离区，以使种子田达到合格的隔离距离，或者淘汰达不到隔离条件的部分田块。

3. 品种真实性检查

待玉米成株后，随机深入田间不同部位检查 100 株或绕田行走，根据所掌握玉米品种的特征特性，确认田间植株的真实性是否与其相符。若不一致，及时做出报废决定，并强行砍除。

4. 取样

检查前，根据品种特性及繁种基地情况，制订详细的取样方案。样区的分布应是随机和广泛的，能覆盖整个繁种区，且要有代表性并符合标准要求；还应充分考虑样区大小、样区数目和样区位置及分布。玉米杂交制种应将父母本视为不同的"田块"，分别检查计数，其样区为行内100株或相邻两行各50株。一般杂交玉米制种田样区最低频率见表9-6。

5. 分析检验

一般种子繁育单位所繁品种较多，检验前应充分了解品种的特征特性及品种间的区别，以此来评定品种真实性和判别杂株。玉米制种田应重点做好以下几方面检验。

（1）杂株率调查。杂株包括与被检品种特性明显不同（如株高、颜色、育性、形状、成熟度等）和不明显（只能在植株特定部位进行详细检查才能观察到，如叶形、叶茸、花和种子）的植株，必须在玉米抽雄前彻底清理。调查杂株率在前控中完成，记录在样区内所发现杂株总数及杂株的不同特征。若在抽雄后发现杂株散粉，就要调查杂株散粉率，超过一定数值种子田作报废处理。

（2）母本散粉株率调查。在杂交玉米制种过程中，母本去雄是中心环节。国标规定，在授粉期，母本散粉株率累积超过1%制种田就报废。因此，在田间检验过程中要认真取点，逐行逐株检查，调查其散粉株率，并详细记录，以此来判定该批种子的质量级别。对于严重超标的，检验员应果断出具报废通知。

（3）感病（虫）株率。田间检验过程中，需观察记载植株感染病虫的株数。此过程从出苗至收获全过程进行。对于一些重大病虫害的发生及时提出预防措施。

6. 结果计算与表示

杂株率＝样区内的杂株数/样区内供检本作物株数×100%

母本散粉株率＝母本散粉总株数/供检母本总株数×100%

父（母）本散粉杂株率＝父（母）本散粉杂株数/供检母本总株数×100%

病（虫）感染率＝感染病（虫）株数/供检本作物株数×100%

7. 检验报告

田间检验完成后，检验员应及时填报田间检验报告，并对报告内容负责。

复习思考题

1. 请简述对于生产杂交种的种子田，应进行哪些田间检验项目的检查？
2. 田间检验的目的？
3. 田间检验取样时需要具体考虑哪些因素？
4. 田间检验的作用（或）田间检验过程中可以采取哪些措施对品种纯度进行控制？
5. 种子田间检验时期？
6. 根据田间检验程序，论述你如何完成一次玉米种子田间检验？

课后作业　按规程要求完成玉米种子田间检验并完成下表。

大豆种子田间检验程序

组别：　　检验记录人：　　参加人：　　时间：　年　月　日

一、田间检验项目：

二、田间检验时期和次数：

三、田间检验程序	（一）基本情况调查：
	（二）取样：
	（三）分析检查：
	（四）结果计算与表示：
	（五）田间检验结果报告（完成种子田间检验结果报告单）：

参 考 文 献

[1] 王玺.种子检验.北京：中国农业出版社，2007.

[2] 潘显政.农作物种子检验员考核学习读本.北京：中国工商出版社，2006.

[3] 张春庆，王建华.种子检验学.北京：高等教育出版社，2006.

[4] 颜启传.种子学.北京：中国农业出版社，2001.

[5] 颜启传.种子检验原理和技术.北京：中国农业出版社，1993.

[6] 颜启传.种子检验原理和技术.杭州：浙江大学出版社，2001.

[7] 中华人民共和国国家标准.农作物种子检验规程.GB/T 3543.1~3543.7—1995.北京：中国标准出版社，1998.

[8] 国际种子检验协会，颜启传，邓光联等译.支巨振等校.1996国际种子检验规程.北京：中国农业出版社，1999.

[9] 李稳香，田建国.种子检验与质量管理教程.长沙：湖南科学技术出版社，2003，49~54.

[10] 颜启传.种子四唑测定手册.上海：上海科技出版社，1992.

[11] 张红生，胡晋.种子学.北京：科学出版社，2010.

[12] 郑光华.种子生理研究.北京：科学出版社，2004.

[13] 颜启传，胡伟民，宋文坚.种子活力的测定原理和方法.北京：中国农业出版社，2006.

[14] 王新燕.种子质量检测技术.北京：中国农业大学出版社，2008.

[15] 毕辛华，戴心维.种子学.北京：中国农业出版社，1993，178~185.

[16] 纪英.种子生物学.北京：化学工业出版社，2009.

[17] 颜启传，邓光联，支巨振.农作物品种电泳鉴定手册.上海：科学技术出版社，1998.

[18] 赵久然，孙世贤，王凤格.中国玉米品种 DNA 指纹鉴定研究动态.北京：中国农业科学技术出版社，2008.

[19] 颜启传，苏菊萍，张春荣.国际农作物品种鉴定技术.北京：中国农业科学技术出版社，2004.

[20] 颜启传，黄亚军.农作物品种鉴定手册.北京：中国农业出版社，1996.

[21] 周祥胜，赵新立，颜启传.幼苗鉴定实用手册.北京：中国农业出版社，2003.

[22] 王立军.种子贮藏加工与检验.北京：化学工业出版社，2009.

[23] 胡晋，李永平，胡伟民，颜启传.种子生活力测定原理和方法.北京：中国农业出版社，2009.

彩图5-8　褶裥纸

彩图6-1　玉米种子

彩图6-2　大豆种子

彩图6-5　玉米果穗

彩图6-7　小麦不同品种种子的形态比较

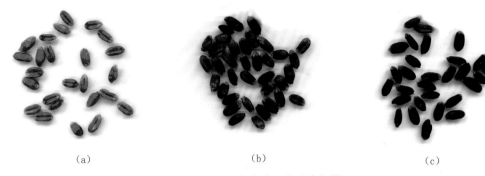

（a） （b） （c）

彩图6-8　小麦种子苯酚染色图

紧穗型　　　中间型　　　散穗型　　　水稻紧穗型田间形态　　　水稻散穗型田间形态

彩图9-2　水稻穗类型

（a） （b）

彩图9-5　玉米雄穗性状

（a） （b） （c）

彩图9-6　玉米雌穗花丝颜色

附图　农作物幼苗鉴定彩色图谱

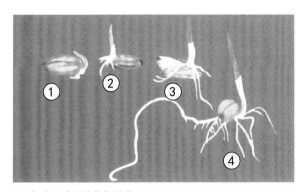

A．初生根缺失的异状幼苗
①②③初生根缺失，仅有不定根，为不正常幼苗
④初生根正常（对照）

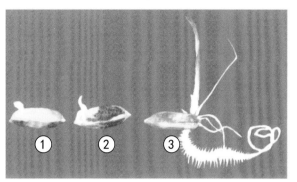

B．初生根缺失的异状幼苗
①②无初生根，也无次生根，为不正常幼苗
③初生根正常（对照）

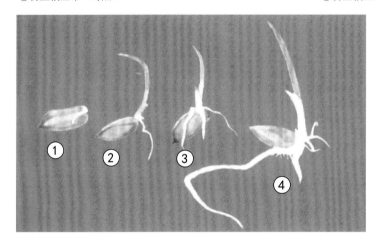

C．初生根缺失，胚芽鞘畸形
①无初生根，为不正常幼苗
②无初生根，仅有少量不定根，为不正常幼苗
③胚芽鞘粗短畸形，为不正常幼苗
④正常幼苗（对照）

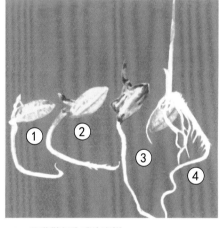

D．胚芽鞘初生感染腐烂
①②③胚芽鞘腐烂，为不正常幼苗
④正常幼苗（对照）

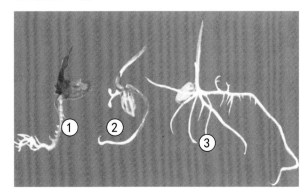

E．幼苗初生感染腐烂
①②幼苗腐烂，为不正常幼苗
③正常幼苗（对照）

F．幼苗霉烂
①②③整个幼苗霉烂，为不正常幼苗
④正常幼苗（对照）

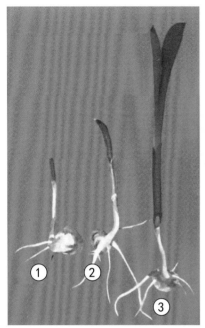
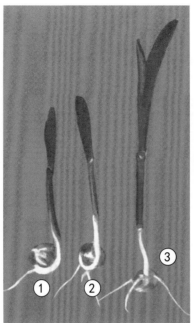

A．初生根矮化和缺失
①③初生根缺失，为不正常幼苗
②初生根矮化，为不正常幼苗

B．初生根缺失
①②③为不正常幼苗

C．初生根霉烂
①②初生根霉烂，为不正常幼苗
③正常幼苗（对照）

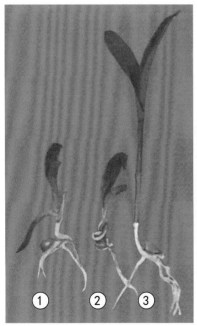
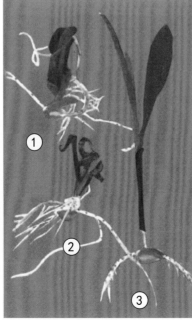

D．胚芽鞘畸形和中胚轴形成环状
①胚芽鞘畸形，为不正常幼苗
②中胚轴形成环状，为不正常幼苗
③正常幼苗（对照）

E．胚芽鞘初生叶畸形和破碎
①②胚芽鞘和初生叶畸形和破碎，为
不正常幼苗
③正常幼苗（对照）

F．胚芽鞘过度开裂与主茎轴分离
①胚芽鞘过度开裂，为不正常幼苗
②胚芽鞘与主茎轴分离，为不正常幼苗
③正常幼苗（对照）

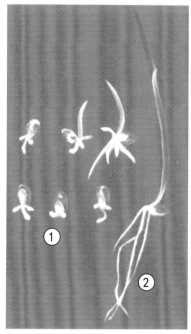

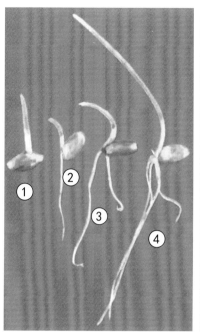

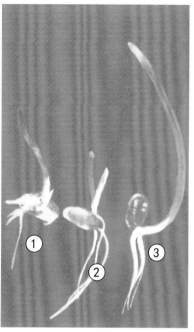

A. 初生根粗而短，胚芽鞘畸形
①种子根化学中毒伤害缩短变粗，且胚芽鞘畸形，为不正常幼苗
②正常幼苗（对照）

B. 种子根缺失或仅有一条细弱种子根
①种子根缺失，为不正常幼苗
②仅有一条细弱种子根，为不正常幼苗
③胚芽鞘畸形，为不正常幼苗
④正常幼苗（对照）

C. 胚芽鞘畸形
①胚芽鞘缺失，种子根生长不良，为不正常幼苗
② 胚芽鞘畸形缩短，与主轴分离，为不正常幼苗
③正常幼苗（对照）

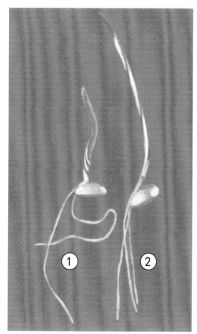

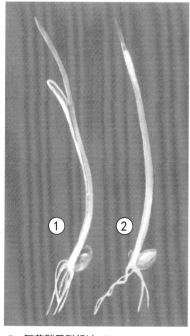

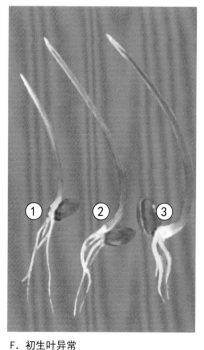

D. 胚芽鞘紧密扭曲
①②胚芽鞘严重扭曲，为不正常幼苗

E. 胚芽鞘开裂超过1/3
①②胚芽鞘开裂超过1/3，为不正常幼苗

F. 初生叶异常
①②初生叶短于胚芽鞘一半，为不正常幼苗
③正常幼苗（对照）

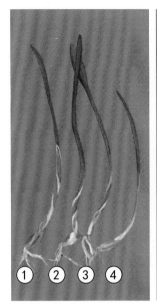
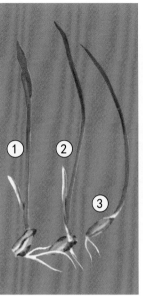
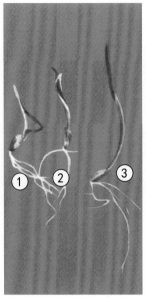
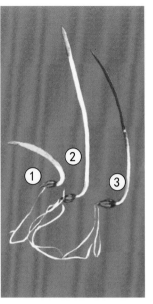

A. 胚芽鞘严重扭曲
①②③④为不正常幼苗

B. 胚芽鞘裂口超过其长度1/3
①②为不正常幼苗
③正常幼苗（对照）

C. 胚芽鞘基部开裂及开裂扭曲
①胚芽鞘基部开裂，为不正常
幼苗
②胚芽鞘开裂超过1/3，且扭曲，
为不正常幼苗
③正常幼苗（对照）

D. 整个幼苗黄化或白化
①幼苗黄化，为不正常幼苗
②幼苗白化，为不正常幼苗
③正常幼苗（对照）

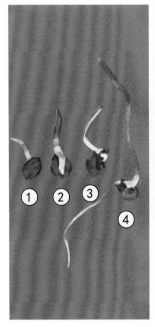
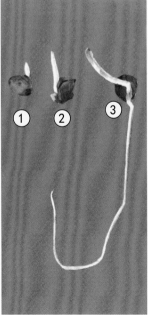
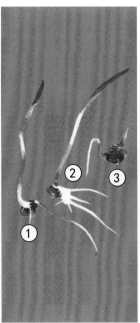
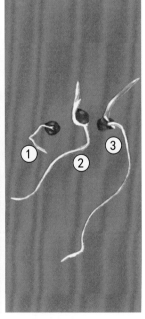

A. 初生根缺失，胚芽鞘畸形
①②③初生根缺失，为不正
常幼苗
④正常幼苗（对照）

B. 胚芽鞘畸形
①胚芽鞘缺失，为不正常幼苗
②胚芽鞘短小，为不正常幼苗
③胚芽鞘变色，为不正常幼苗

C. 幼苗霉烂
①初生根腐烂，为不正常幼苗
②正常幼苗
③整个幼苗霉烂，为不正常幼苗

D. 胚芽鞘畸形
①胚芽鞘弯曲，为不正常幼苗
②胚芽鞘变粗短，为不正常幼苗
③正常幼苗（对照）

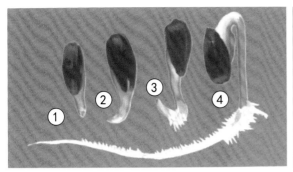

A. 初生根缺失或矮化（不正常幼苗）
①初生根缺失，为不正常幼苗
②③初生根矮化，为不正常幼苗
④正常幼苗（对照）

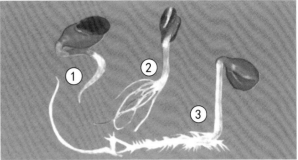

B. 初生根生长障碍，次生根不正常
①初生根生长异长、变色，为不正常幼苗
②初生根异常，次生根不正常，为不正常幼苗
③正常幼苗（对照）

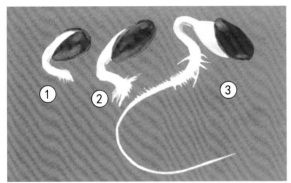

C. 初生根缺失
①②初生根缺失，为不正常幼苗
③正常幼苗（对照）

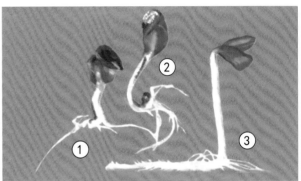

D. 下胚轴有深度裂缝
①②下胚轴有深度裂缝，为不正常幼苗
③正常幼苗（对照）

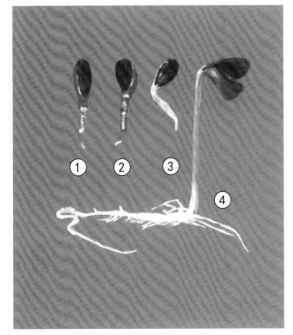

E. 下胚轴生长异常，缩缢、变色
①②③下胚轴生长异常，为不正常幼苗
④正常幼苗（对照）

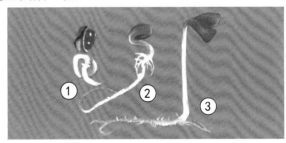

F. 下胚轴形成螺旋形
①下胚轴形成螺旋形，为不正常幼苗
②下胚轴异常弯曲、缩短，为不正常幼苗
③正常幼苗（对照）

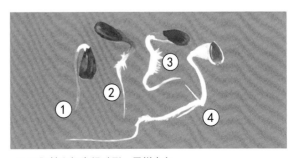

G. 下胚轴和初生根畸形，霉烂变色
①②③④均为不正常幼苗

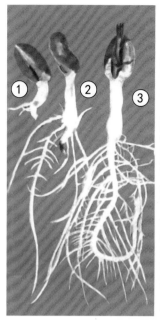
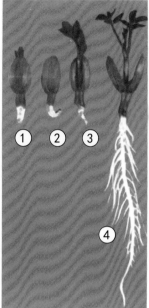
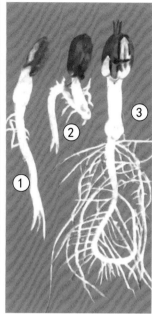
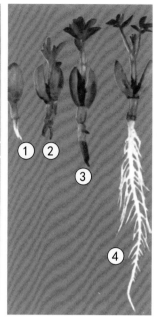

A. 初生根和次生根生长不良
①初生根缺失，为不正常幼苗
②初生根受损，次生根不够发达，为不正常幼苗
③正常幼苗（对照）

B. 初生根缺失矮化
①初生根缺失，为不正常幼苗
②③初生根矮化，为不正常幼苗
④正常幼苗（对照）

C. 初生根尖端开裂分叉
①②初生根开裂分叉，为不正常幼苗
③正常幼苗（对照）

D. 初生根腐烂
①②③初生根腐烂，为不正常幼苗
④正常幼苗（对照）

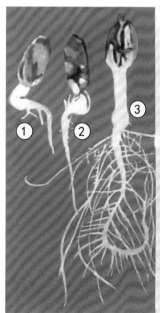
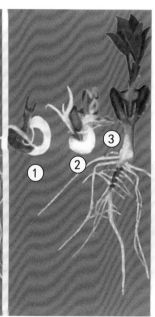
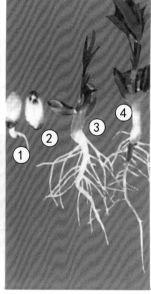
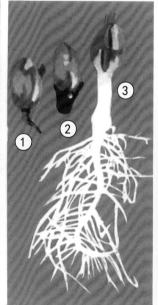

E. 下胚轴开裂，子叶变色
①②下胚轴开裂畸形，为不正幼苗
③正常幼苗（对照）

F. 下胚轴严重弯曲
①②下胚轴严重弯曲，为不正幼苗
③正常幼苗（对照）

G. 顶芽损伤
①②顶芽腐烂，为不正常幼苗
③顶芽损伤，为不正常幼苗
④正常幼苗（对照）

H. 幼苗腐烂
①②幼苗腐烂，为不正常幼苗
③正常幼苗（对照）

附图 园艺作物幼苗鉴定彩色图谱

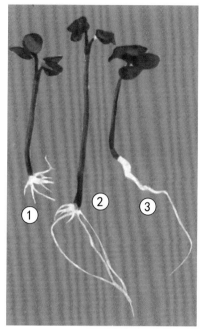

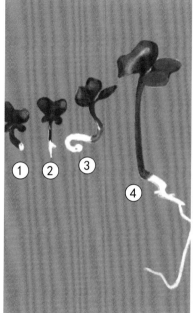

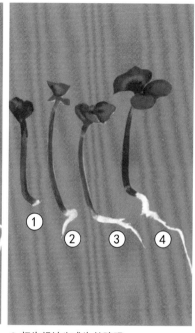

A. 初生根矮化
①②初生根矮化，为不正常幼苗
③正常幼苗（对照）

B. 初生根缺失或矮化
①③初生根缺失，为不正常幼苗
②初生根矮化，为不正常幼苗
④正常幼苗（对照）

C. 初生根缺失或生长障碍
①初生根缺失，为不正常幼苗
②③初生根生长障碍，为不正常幼苗
④正常幼苗（对照）

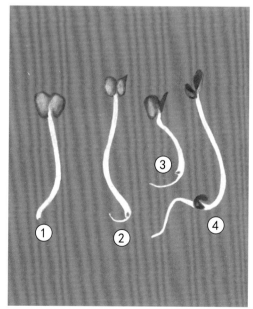

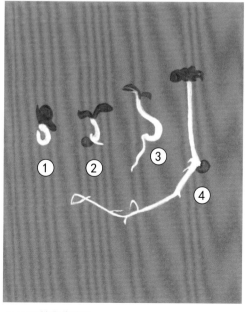

D. 初生根缺失
①②③初生根缺失，为不正常幼苗
④正常幼苗（对照）

E. 下胚轴弯曲畸形
①②③下胚轴弯曲畸形，为不正常幼苗
④正常幼苗（对照）

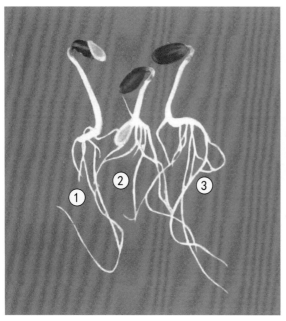

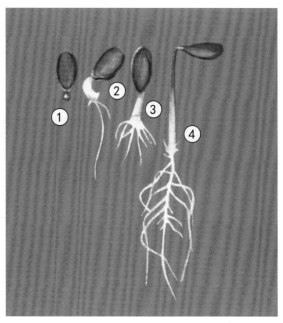

A. 初生根矮化和生长障碍，而次生根发育良好，为正常幼苗
①②③为正常幼苗

B. 初生根缺失，生长受阻，并无足够的次生根
①初生根生长障碍，为不正常幼苗
②③初生根缺失，且次生根发育不良，为不正常幼苗
④正常幼苗（对照）

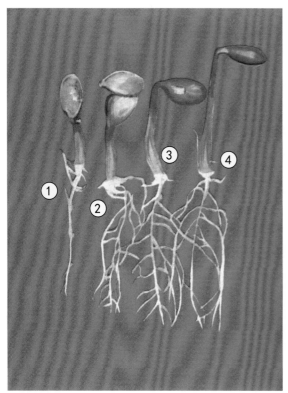

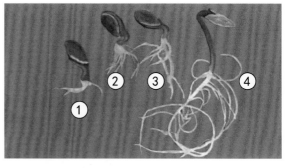

D. 下胚轴畸形，缩短变粗
①②③下胚轴畸形，为不正常幼苗
④正常幼苗（对照）

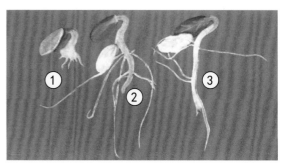

C. 子叶腐烂
①②③子叶变色腐烂，为不正常幼苗
④正常幼苗（对照）

E. 初生根缺失，生长受阻，次生根发育不良
①初生根生长受阻，为不正常幼苗
②③初生根生长受阻，但生长有足够次生根，为正常幼苗

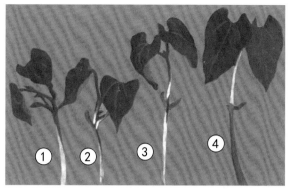

A. 下胚轴纵向开裂
①②下胚轴纵向开裂，为不正常幼苗
③④为正常幼苗

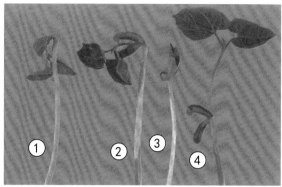

B. 下胚轴过度弯曲，或形成环形
①②下胚轴过度弯曲，为不正常幼苗
③下胚轴形成环形，为不正常幼苗
④正常幼苗（对照）

C. 下胚轴缺失或缩短
①下胚轴缺失，为不正常幼苗
②下胚轴缩短，为不正常幼苗
③正常幼苗（对照）

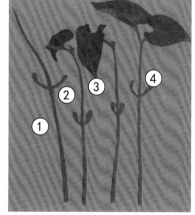

D. 初生叶缺失或异常
①初生叶缺失，为不正常幼苗
②③初生叶残缺，小于50%具有功能
面积，为正常幼苗
④正常幼苗（对照）

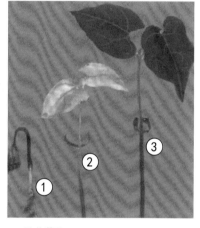

E. 幼苗黄化
①②幼苗畸形黄化，为不正常幼苗
③正常幼苗（对照）

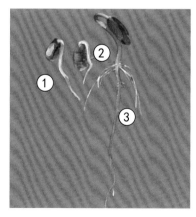

F. 子叶破裂变色
①②子叶破裂变色，为不正常幼苗
③正常幼苗（对照）

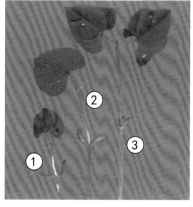

G. 顶芽损伤
①顶芽缺失，为不正常幼苗
②顶芽损伤变色，为不正常幼苗
③正常幼苗（对照）

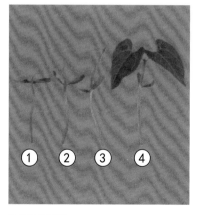

H. 初生叶缺失
①②③初生叶缺失，为不正常幼苗
④正常幼苗（对照）

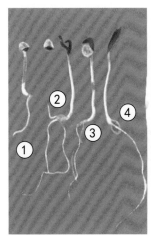 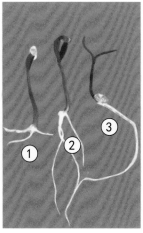 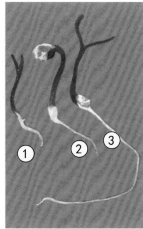 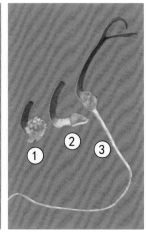

A. 初生根矮化
①②③初生根矮化，为不正
常幼苗
④正常幼苗（对照）

B. 初生根矮化，有次生根
①②初生根矮化，即使有
次生根，仍为不正常幼苗
③正常幼苗（对照）

C. 初生根生长受阻
①②初生根生长障碍，为
不正常幼苗
③正常幼苗（对照）

D. 幼苗破损折断
①②初生根缺失，下胚轴折断，
为不正常幼苗
③正常幼苗（对照）

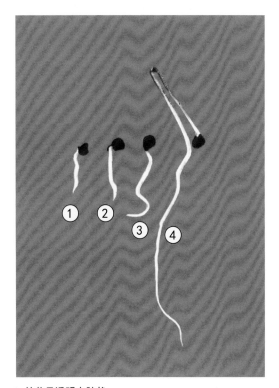

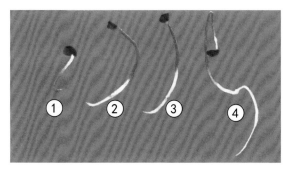

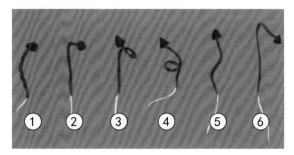

A. 幼苗呈透明水肿状
①②③幼苗呈透明水肿状，为不正常幼苗
④正常幼苗（对照）

B. 圆管状子叶无"膝"
①②③圆管状子叶无"膝"，为不正常幼苗
④正常幼苗（对照）

C. 子叶缩短，扭曲或形成环状或螺旋状，或弯曲无"膝"
①②子叶缩短且扭曲，为不正常幼苗
③④子叶形成环状或螺旋状，为不正常幼苗
⑤圆管状子叶弯曲无"膝"，为不正常幼苗
⑥正常幼苗（对照）

A. 初生根生长无力，夹在种皮内
①②③初生根生长无力，夹在种皮内，为不正常幼苗
④正常幼苗（对照）

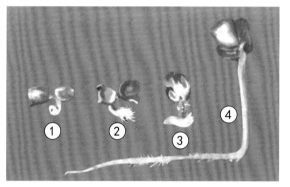

B. 初生根矮化，下胚轴缩短
①②③初生根矮化，下胚轴缩短，为不正常幼苗
④正常幼苗（对照）

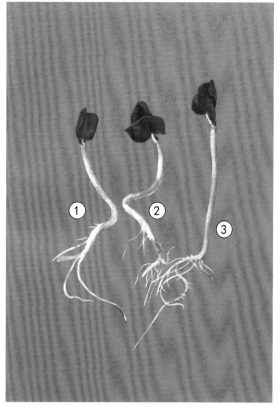

C. 初生根矮化且次生根不正常
①②初生根矮化且次生根不正常，为不正常幼苗
③正常幼苗（对照）

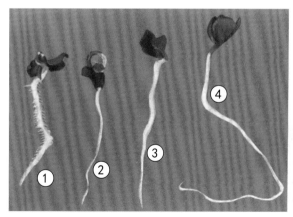

D. 下胚轴向下弯曲
①②③下胚轴生长异常，向下弯曲，为不正常幼苗
④正常幼苗（对照）

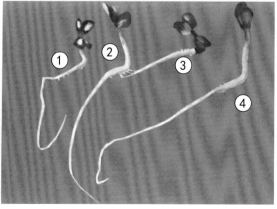

E. 子叶重要部位变色
①②③子叶重要部位（顶芽着生部位）变色，为不正常幼苗
④正常幼苗（对照）

附图14 胡萝卜属不正常幼苗鉴定彩色图谱

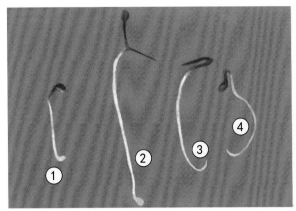

A. 初生根生长障碍
①②③④初生根缺失，为不正常幼苗

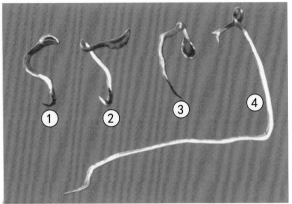

B. 初生根腐烂
①②③初生根腐烂，为不正常幼苗
④正常幼苗（对照）

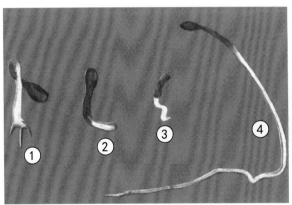

C. 下胚轴缩短变粗
①②③下胚轴缩短变粗，畸形，为不正常幼苗
④正常幼苗（对照）

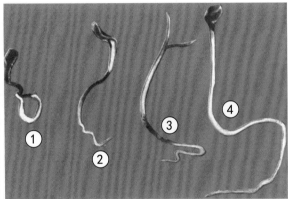

D. 下胚轴腐烂
①②③下胚轴弯曲腐烂，为不正常幼苗
④正常幼苗（对照）

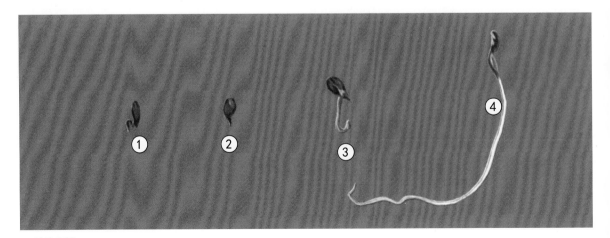

E. 幼苗腐烂
①②③幼苗腐烂，为不正常幼苗
④正常幼苗（对照）

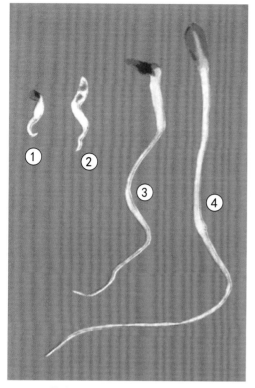

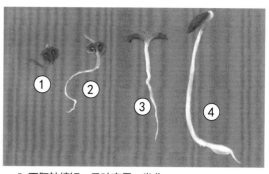

B. 下胚轴缩短，子叶变厚、卷曲
①②③下胚轴缩短，子叶变厚、卷曲，为不正常幼苗
④正常幼苗（对照）

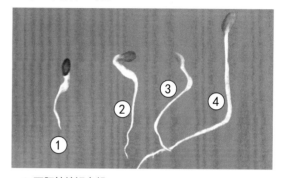

A. 下胚轴缩短，子叶坏死
①②③下胚轴缩短，子叶变色坏死，为不正常幼苗
④正常幼苗（对照）

C. 下胚轴缩短变粗
①②③下胚轴缩短变粗，为不正常幼苗
④正常幼苗（对照）

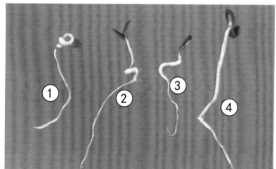

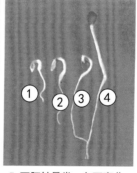

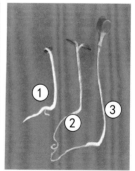

D. 下胚轴形成螺旋形
①②③下胚轴形成螺旋形或严重弯曲，为不正常幼苗
④正常幼苗（对照）

E. 下胚轴异常，向下弯曲
①②③下胚轴异常生长，向
下弯曲，为不正常幼苗
④正常幼苗（对照）

F. 子叶变厚、卷曲
①②子叶变厚、卷曲，
为不正常幼苗
③正常幼苗（对照）

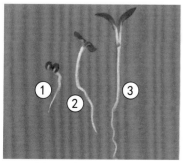

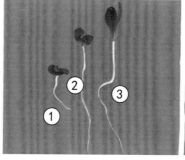

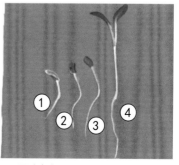

G. 子叶变厚、卷曲、颜色异常
①②子叶变厚、卷曲，为不正常幼苗
③正常幼苗（对照）

H. 子叶畸形
①②子叶畸形，为不正常幼苗
③正常幼苗（对照）

I. 子叶变色
①②③子叶颜色异常，为不正常幼苗
④正常幼苗（对照）

A. 子叶枯萎变色
①②③子叶枯萎变色，为不正常幼苗色
④正常幼苗（对照）

B. 顶芽畸形
①②顶芽畸形，为不正常幼苗
③正常幼苗

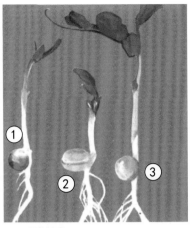

C. 顶芽缺失
①②顶芽缺失，为不正常幼苗
③正常幼苗

D. 上胚轴生长障碍，分叉
①上胚轴生长受阻，为不正常幼苗
②上胚轴分叉，为不正常幼苗
③正常幼苗（对照）

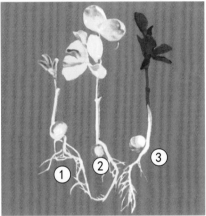

E. 幼苗黄化，不能形成叶绿素
①②幼苗黄化，为不正常幼苗
③正常幼苗（对照）

A. 初生根矮化，但有次生根
①初生根矮化，缺少发育良好的次生根，为不正常幼苗
②初生根矮化，但次生根发育良好，为正常幼苗
③正常幼苗

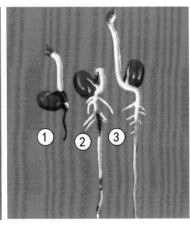

B. 初生根腐烂
①初生根完全腐烂，为不正常幼苗
②初生根部分和顶芽腐烂，为不正常幼苗
③正常幼苗

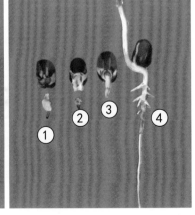

C. 幼苗构造（如初生根）断裂或裂缝
①②幼苗初生根断裂，为不正常幼苗
③幼苗初生根有裂缝，生长受阻，为不正常幼苗
④正常幼苗（对照）